职业教育电子商务专业系列教材

ZHIYE JIAOYU DIANZI SHANGWU ZHUANYE XILIE JIAOCAI

商品图片精修

主　编 / 蔡晓伟　李志宏

副主编 / 李燕珊　冯青蓝　唐伟伟

参　编 / 魏碧娟

重庆大学出版社

内容提要

本书采用校企双元开发模式，注重“育训结合”，以“商品图片精修”典型工作任务为核心，按照商品材质在拍摄时候的成像特点进行分类，分为反光类商品、吸光类商品、透明类商品三大项目。每个项目分别有 4 个任务模块，采用新形态活页式教材，配合线上线下融合教学模式改革，方便学习者进行自主探究式学习。挑选具有代表性的商品，包括材质、光影特点，商品的成像特点，循序渐进；注重学习商品图片光影表现的处理，从而展现商品结构、立体感、质感。

本书结构清晰、案例新颖，具有很强的实用性。学习后，能够使学习者具备基本的美学理论知识，掌握行业所需的实操技能与方法，从而达到学以致用的目的。

本书可作为职业院校电子商务等专业的教材，也可以作为各类培训机构的培训实战教材，以及从事网店创业人员、管理人员、兼职人员的自学用书。

图书在版编目（CIP）数据

商品图片精修/蔡晓伟，李志宏主编. --重庆：重庆大学出版社，2023.1

职业教育电子商务专业系列教材

ISBN 978-7-5689-3039-0

Ⅰ.①商… Ⅱ.①蔡… ②李… Ⅲ.①图像处理软件—职业教育—教材 Ⅳ.①TP391.413

中国版本图书馆CIP数据核字（2021）第245746号

职业教育电子商务专业系列教材

商品图片精修

SHANGPIN TUPIAN JINGXIU

主　编　蔡晓伟　李志宏

副主编　李燕珊　冯青蓝　唐伟伟

责任编辑：王海琼　　版式设计：王海琼

责任校对：谢　芳　　责任印制：赵　晟

*

重庆大学出版社出版发行

出版人：饶帮华

社址：重庆市沙坪坝区大学城西路21号

邮编：401331

电话：（023）88617190　88617185（中小学）

传真：（023）88617186　88617166

网址：http：//www.cqup.com.cn

邮箱：fxk@cqup.com.cn（营销中心）

全国新华书店经销

重庆俊蒲印务有限公司印刷

*

开本：787mm×1092mm　1/16　印张：10.25　字数：238 千

2023 年 1 月第 1 版　　2023 年 1 月第 1 次印刷

印数：1–3000

ISBN 978-7-5689-3039-0　　定价：69.00元

编写人员名单

主　编　蔡晓伟　广州市财经商贸职业学校

李志宏　广州市财经商贸职业学校

副主编　李燕珊　广州市财经商贸职业学校

冯青蓝　广州市财经商贸职业学校

唐伟伟　广州市财经商贸职业学校

参　编　魏碧娟　广州市财经商贸职业学校

前言 Foreword

2019 年 1 月 24 日，国务院印发了《国家职业教育改革实施方案》（简称“职教 20 条”）。作为全面深化职业教育改革的纲领，该方案倡导建设新型活页式、工作手册式教材并配套开发信息化资源；强调基于产教深度融合、校企合作人才培养模式下的教师、教材、教法“三教”改革，是进一步推动职业教育发展、全面提升人才培养质量的基础。

为全面贯彻党的教育方针，落实党的二十大关于推进产教融合，应对新时代职业教育的新要求，全面落实立德树人根本任务，推进教育数字化，满足职业院校电子商务专业的教学需求，本书编者们总结多年工作与教学经验，联合企业美工岗位实践专家，立足于“岗课赛证”课程体系，对标行业标准，重构模块化的教学内容，着重解决课程内容与岗位脱节的短板问题，有效地提高了学生的首岗胜任能力和可持续发展能力。本书在编写过程中，总结了大量针对当前电子商务龙头行业、企业对网店岗位的技能要求，形成了以下鲜明特色：

1. 双轨并建，知识技能与价值育人体系相融

本书以习近平新时代中国特色社会主义思想为指导，坚持正确的政治方向、舆论导向和价值取向，紧密对接数字经济发展需求，基于“价值塑造、知识传授、能力培养三位一体人才培养目标，提供多项职业岗位任务与素养案例，寓价值观引导于知识传授和能力培养，提升艺术审美、创新创作能力和工匠精神。

本书除着力传授必备的美育知识和专业技能水平外，还有节奏地增添了“行业观察、案例赏析、传承为本”等栏目，注重提高学生的艺术修养、人文素养和文化自信。充分体现了党的二十大的“全面贯彻党的教育方针，落实立德树人根本任务，培养德智体美劳全面发展的社会主义建设者和接班人。”的精神。

2. 对接标准，模块化设计实训项目体系

党的二十大提出要“加强教材建设和管理”，“统筹职业教育、高等教育、继续教育协同创新，推进职普融通、产教融合、科教融汇，优化职业教育类型定位。”本书以 PGSD 职业能力模型为指导，夯实与企业的合作，推进产教融合，密切基于工作过程系统化课程开发路径，补充新技术、新工艺、新规范、新要求，聚焦关键工作领域、服务典型工作任务，把“图片导入与分析、图片矫形与轮廓修补、抠图褪底、细小瑕疵处理、光影强化与重塑、质感处理、画面颜色校正、图片检查优化”的工作过程情景化、模块化，以项目对接企业岗位任务，立足视觉营销角度，遵循从易到难、从简

到繁的阶梯式递进原则设计实训项目，逐层推进、深入浅出。

3. 资源丰富，新形态活页式一体化教材

基于党的二十大提出“推进教育数字化，建设全民终身学习的学习型社会、学习型大国。”本书配备二维码，提供所需的数字资源，包括了学习活动、实操锦囊、任务拓展等多个学习环节中所需的辅助教学视频、配套 PPT、案例素材及 PSD 源格式文件等资源类型丰富，提高了学习的便利性和趣味性，满足个性化的自主探究式学习需要助推线上线下融合式教学模式创新。

本书可作为职业院校电子商务、跨境电子商务、移动商务、网络营销、直播电商服务等专业教材，也可作为设计师、后期修图师或电商视觉相关从业人员的教学用书。

本书由蔡晓伟、李志宏担任主编，负责全书的整体设计、审阅和定稿。李燕珊、冯青蓝、唐伟伟担任副主编，魏碧娟参编。具体编写情况如下：项目 1 任务 1、任务 2，项目 3 任务 3 由李燕珊编写；项目 1 任务 3、项目 3 任务 1 由蔡晓伟编写；项目 3 任务 4 由李志宏编写；项目 1 任务 4、项目 2 任务 4 由冯青蓝编写；项目 2 任务 1、任务 2，项目 3 任务 2 由唐伟伟编写；项目 2 任务 3 由魏碧娟编写。为充分体现职业教育技术与技能性的特点，本书编写人员与广州乔木视觉摄影有限公司进行了深入合作，得到该司张桥的支持和指导，为教材的实用性奠定了基础。书中参考了大量的文献和资料，在此对原作者表示衷心的感谢。

本书的配套资源包括 PPT、电子教案，微课视频等，可登录重庆大学出版社资源网站下载（www.cqup.com.cn）。

由于本书编写时间仓促，不足之处在所难免，恳请广大读者批评指正。如有再版，将及时更正，谢谢！教学过程中的任务分析表、任务实施表，请登录重大出版社下资源网下载原始电子表格使用。

编　者
2022 年 12 月

项目1　反光类商品图片精修

项目2　吸光类商品图片精修

项目 3　透明类商品图片精修

项目 1

反光类商品图片精修

学习目标 

知识目标

- 掌握反光类商品成像特点；
- 理解修图的五大核心要素；
- 理解修图的任务要求。

能力目标

- 能够利用 Photoshop 工具完成反光类商品图片的矫形、去底、修瑕处理；
- 能够合理利用 Photoshop 工具铺设绘制反光类商品图片的光影结构；
- 能够合理利用 Photoshop 工具完成反光类商品图片的色感处理。

素质目标

- 树立学生视觉营销的工作意识；
- 培养学生严谨求实的工作态度；
- 培养学生善于发现问题、分析问题、解决问题的能力。

思维导图 

项目 1 反光类商品图片精修

- 任务 1 单侧光塑料材质商品图片精修
  - 学习活动 1 矫正塑形处理
  - 学习活动 2 抠图分层处理
  - 学习活动 3 单侧光光影表现处理
- 任务 2 对称光塑料材质商品图片精修
  - 学习活动 1 绘制修图处理
  - 学习活动 2 对称光光影处理
  - 学习活动 3 凹槽面体积感处理
- 任务 3 金属材质商品图片精修
  - 学习活动 1 金属材质的光影处理
  - 学习活动 2 结构光处理
  - 学习活动 3 增加材质杂色的处理
- 任务 4 亮面金属材质商品图片精修
  - 学习活动 1 亮面金属材质的特点
  - 学习活动 2 金属材质表面拉丝的纹理特点

案列导入

李娟在电子商务网络平台上经营一家厨房用具店铺，开始时店铺有些许流量，商品点击率也不少，但是店铺金属类商品转化率较低，经与竞争对手店铺比较，发现问题出在商品图片方面，竞争对手的商品图片在质感方面更能体现出商品的特点，能够唤起客户对商品的认同感。为此，李娟决定将店铺金属类商品做美化处理，希望更能体现商品的原貌与质感，从而提升商品的转化率。

通过对店铺金属类商品图片的美化，店铺的点击率与转化率都有所提升。如图 1.0.1 所示，左图为李娟店铺美化前不锈钢材质蒸锅图，右图为该商品精修后的图片。

图 1.0.1 视觉美化前后对比图

通过以上案例，请同学们思考并分小组讨论：

（1）图片美化前后，点击率与转化率的改变说明了什么问题？

（2）分析图片美化的意义是什么。

（3）图片美化是对用户的视觉欺骗吗？

（4）如何避免过度美化商品图片？

任务1 单侧光塑料材质商品图片精修

学习目标

知识目标

- 了解商品图片矫正塑形处理的意义及处理方法；
- 掌握商品图片抠图的定义及操作原理；
- 理解光的定义，掌握光的三大面五大调的特点；
- 掌握单侧光的光影特点及处理方法。

能力目标

- 能够识别商品图片的歪斜变形情况，并能利用变形工具完成矫正塑形处理；
- 能够使用“钢笔工具”完成商品图片的精确抠图，并能完成分层建组处理；

- 能够描绘强化单侧光光影，提升商品的立体感。

素质目标

- 树立学生视觉营销的工作意识；
- 培养学生严谨、规范的工作态度；
- 培养学生分析判断的工作能力；
- 提高学生的艺术审美意识及平面设计等软件的信息技术操作能力。

任务清单1　任务分析表

项目名称	任务清单内容	
任务情景	云商拍摄文化有限公司是一家从事电子商务服务的公司，主要为客户提供商品静物拍摄及图片后期精修处理。本期客户提供了一张保湿喷雾实拍图，针对拍摄图提出了以下修图要求： ①需体现保湿喷雾瓶体的光滑； ②需体现保湿喷雾瓶体的光感； ③需体现保湿喷雾瓶盖和瓶身的结构。	保湿喷雾实拍图
任务目标	完成保湿喷雾瓶体图的精修。	
任务分析	问题	分析
	该拍摄图是否存在歪斜、变形？	
	对比基础布光方法，该商品拍摄图呈现的整体光感表现是否符合商品材质特性？	
	对比商品实物，商品拍摄颜色是否被真实还原？	
	该瓶体由哪些结构构成，商品拍摄图是否有显示结构特点？	
	通过网络搜索相关材质商品图，对比分析该商品图有哪些不足？	

学习活动1　矫正塑形处理

1. 矫正塑形处理的应用

在商品拍摄中可能由于摄影师的拍摄角度、拍摄设备的倾斜程度而导致商品拍摄图存在歪斜问题，如图 1.1.1 左图所示；也可能由于镜头畸变，使得拍摄画面存在枕形或桶形变形，造成物体线条有一定扭曲，而导致商品拍摄图存在变形问题，如图 1.1.2 左图所示。

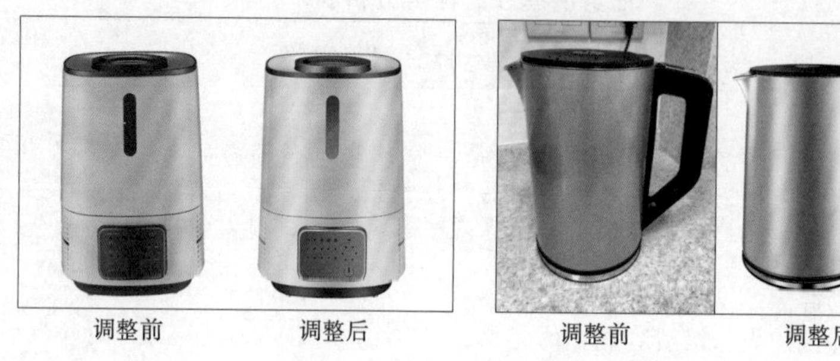
调整前　调整后

图 1.1.1　歪斜

调整前　调整后

图 1.1.2　变形

人们在消费活动中，往往先靠视觉提供的信息选择自己的消费对象，并在购买、使用和交流消费品的过程中，靠视觉的对比来产生对消费品的判断。在互联网的催化下，消费者的一次购买行为是其审美态度和经济能力的直接表现，被称为“颜值消费”，商品外形传递商品质量的信息，把商品相关的感觉或特定属性传达给消费者，从而激起消费者的购买欲望。麦肯锡研究提出，中产阶级对于“颜值”的消费意愿更强，且随着我国居民人均收入的提高，对“颜值”的消费能力也越来越强；在商品的功能性已经趋同的情况下，视觉营销手段带来的视觉冲击成了企业间最重要的竞争点之一。

而歪斜变形的商品图一方面不能正确展示商品形状，会影响后期修图效果的好坏；另一方面也会使得消费者对商品质量产生误解，最终导致消费者的流失。因此，对产生歪斜变形的商品图进行矫正塑形处理显得尤为重要。

2. 矫正塑形处理的操作方法

矫正塑形指商品形态修正。在 Photoshop 中进行矫正塑形处理时，首先会通过添加参考线，利用水平线或垂直线辅助判断商品是否存在歪斜、变形；然后根据判断结果，使用自由变换命令，对图像进行缩放、旋转、斜切、扭曲、变形等操作进行矫正塑形。

操作方法可参考以下案例：

（1）参考线的使用

①显示标尺。标尺即标注尺寸的度量条，它处于工作区的顶部和左侧，通过数值条来表示图像的高度和宽度，以准确定位图像或元素。在 Photoshop 中打开图像后，按快捷键“Ctrl+R”即可在工作区中打开标尺，如图 1.1.3 所示，再按快捷键“Ctrl+R”则隐藏标尺，如图 1.1.4 所示。

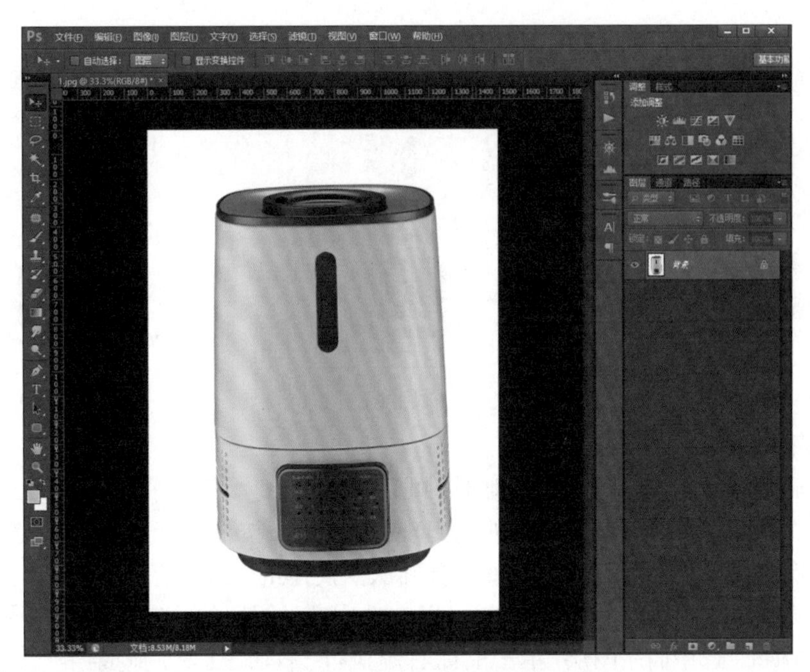

图 1.1.3　显示标尺

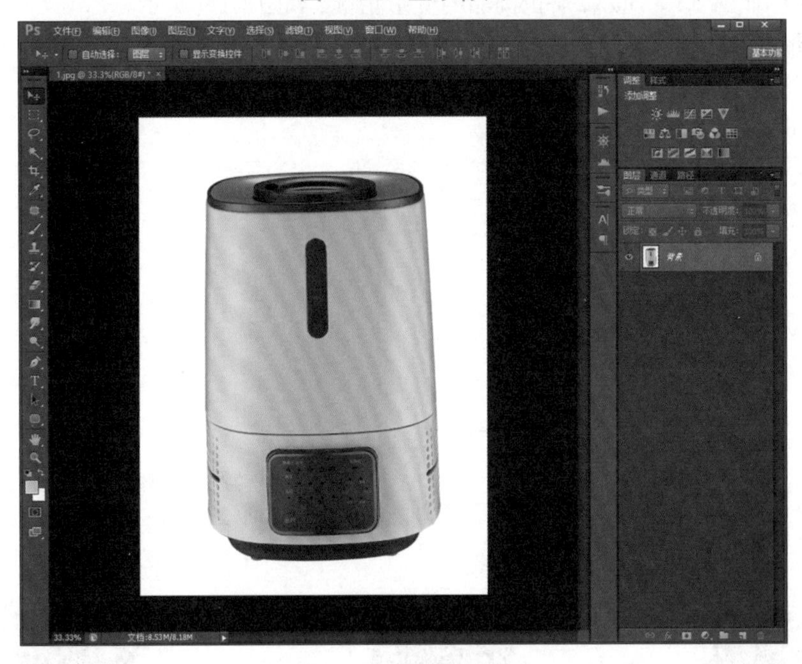

图 1.1.4　隐藏标尺

②添加参考线。参考线是浮动显示在图像上方的一些不会被打印出来的线条，它有辅助观看水平线或划分图像视觉区域的作用，能帮助用户精准定位图像或部分区域。添加参考线的方法是：打开图像后，先显示标尺，然后将光标移动到标尺栏中，按住鼠标左键并拖动，即可拖出一条参考线。按下快捷键“Ctrl+;”可隐藏参考线。利用参考线能辅助判断商品图是否存在倾斜或变形，如图 1.1.5 所示。

图 1.1.5　添加参考线

图 1.1.6　按快捷键“Ctrl+T”

图 1.1.7　完成旋转变换

（2）自由变换的使用

①旋转操作。当商品存在倾斜时，可以在选中商品图层的状态下，按快捷键“Ctrl+T”，如图 1.1.6 所示。在图像四周出现控制框时，按住鼠标左键即可对图像进行旋转变换调整，完成相应调整后，按回车键确认变换，如图 1.1.7 所示。

②斜切操作。当商品存在变形时，可以在选中商品图层的状态下，按快捷键“Ctrl+T”选中商品图层，单击鼠标右键执行“斜切”工具，拖拽控制框的对角，如图 1.1.8 所示，矫正商品的变形情况，如图 1.1.9 所示。

矫正塑形处理操作案例

③变形操作。在执行自由变换命令的状态下，单击鼠标右键执行“变形”工具，拖拽变形框使保温杯的竖边贴近参考线，矫正商品的变形情况，如图 1.1.10—图 1.1.12 所示。

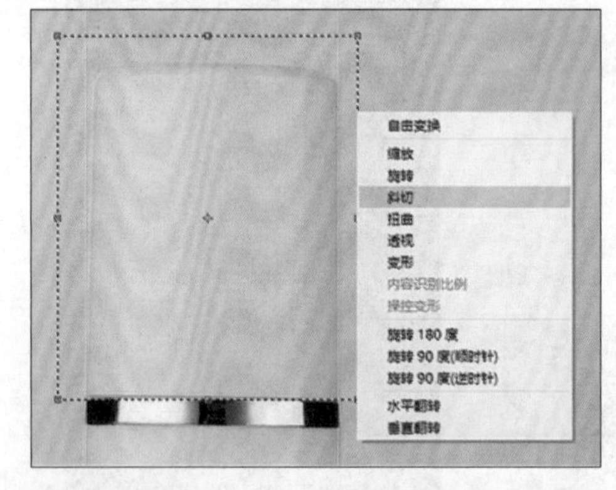

图 1.1.8　使用“斜切”工具

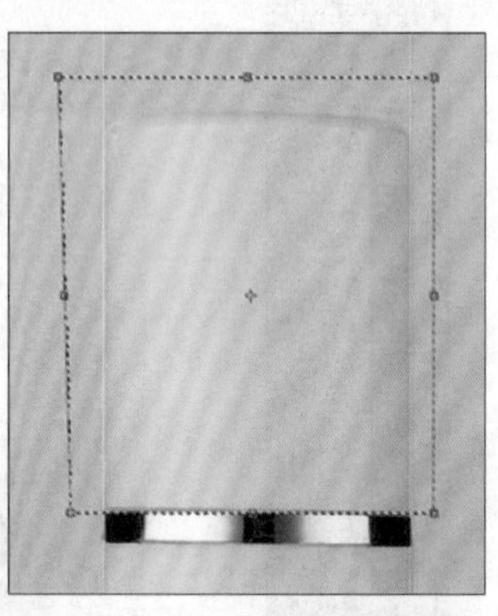

图 1.1.9　拖拽对角矫正变形

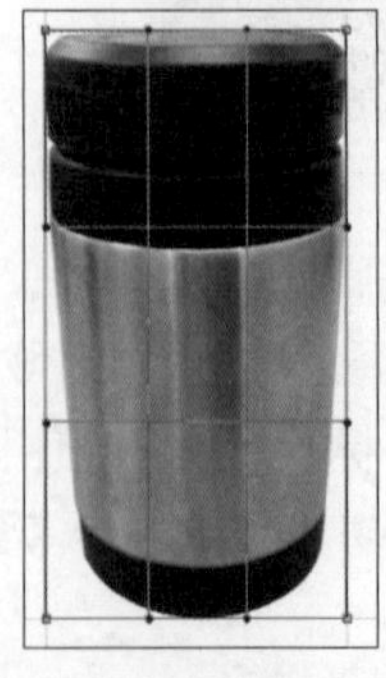

图 1.1.10　使用“变形”工具

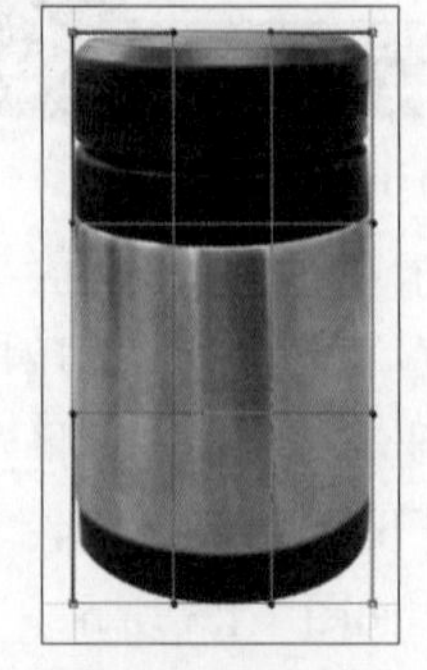

图 1.1.11　拖拽网格线矫正变形

图 1.1.12　按回车键确定变形处理

直通职场

商品精修的五大核心要素

伴随着电子商务行业的发展，新媒体文化的多样性传播，传统广告业对视觉核心要求的提高，商品精修越来越受到卖家的重视。

买家在电商平台浏览商品时，精美的商品图片往往能勾起买家的购买欲望。而现实中的商品，通过商品拍摄有可能会出现暗哑无光、缺乏层次感或立体感不足等问题，因为照片仅仅是一个平面，即使拍摄技术再强的摄影师也无法弥补自身不足，只能通过后期处理，让平淡无味的照片变得生动，赋予商品“生命力”，展示商品优点和精美的外观。这就是商品图片精修的作用。

面对每一款商品拍摄图片，图片精修的工作思路主要是从以下五大核心要素进行分析，它们是光感、质感、色感、体积感和结构。

光感指光影关系，物体在光的照射下产生的明暗关系、强弱关系。

质感指材质的感受，相当于光在物体表面进行漫反射或者镜面反射所产生的视觉效果。物体质感与物体材质、光源有关。例如塑料材质，光的暗部、亮部都会柔和过渡，就不会有生硬的硬边边界；但是金属材质的光就会强硬一些，明暗分界就会明显，光型明暗对比就会比较强烈。

色感指的是还原或提升商品的真实颜色。

体积感指的是还原商品的空间感和立体感，商品在空间中占用了一定的体积，通过三大面五大调的基础绘制光的过渡和层次来体现体积感。商品因为有光的变化才会有光的过渡，有光的过渡才能体现体积感。

结构指的是准确还原商品的结构线。它是商品精修中画龙点睛的部分。

针对商品精修的五大核心要素，利用 Photoshop 软件处理商品拍摄图，操作主要有分析图片、矫形去底、去除修瑕、绘制光影、塑造结构。即使每个商品的精修内容不一定都需要做以上操作步骤，但是都会从这些方面考虑是否需要做相应的操作处理。

学习活动 2　抠图分层处理

1. 抠图分层的定义

抠图是指在 Photoshop 中，把图片的某一部分从原始图片中分离出来成为单独的图层。由于大部分商品造型并非都会呈现单一材质、单一结构形式，往往会由不同的材质、不同的结构组成；而不同的结构、材质呈现的光影变化也会有所不同，如图 1.1.13 所示。瓶扣部分为金属材质，瓶身为塑料材质。因此为方便补光，商品修图常采用抠图的方式把商品和背景部分分开，同时将商品拆分出各个结构，让各结构部分互不干扰，保证在精修修瑕时不干扰其他结构部分还能方便后期使用负形进行结构塑造。

抠图分层处理指利用抠图方法将商品拆分成互不干扰的结构图层。

2. 抠图分层的依据

商品抠图时主要以物理分界或视觉分界为判断依据。

物理分界指根据商品材质不同进行分界。例如金属材质和塑料材质需要进行分界，塑料材质和玻璃材质需要进行分界，这就是从材质的物理属性上进行分界。如图 1.1.14 所示，充电头为金属材质、线为磨砂 ABS 材料，两者物理属性不同，按照物理分界的原理需要将两者分结构，分成结构 1 和结构 2。

视觉分界指依据视觉感受来进行分界，在锋利的转折过渡处需要分结构，在缓慢圆滚的转折过渡处不需要分结构。它是相对比较模糊的概念，是以视觉感受为分界依据，如图 1.1.15 所示，充电线上下材质一样，均为磨砂 ABS 材料，但是转折过渡处锋利，转折明显，按照视觉分界需要将二者分结构，将充电线继续细分为结构 1 和结构 2。

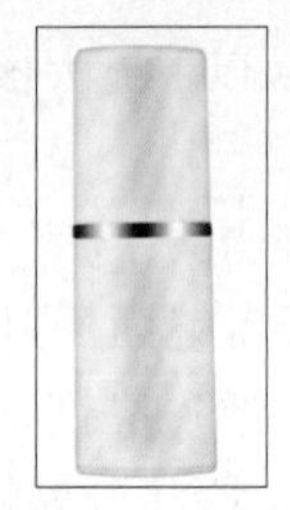

图 1.1.13　光影在不同材质上的表现

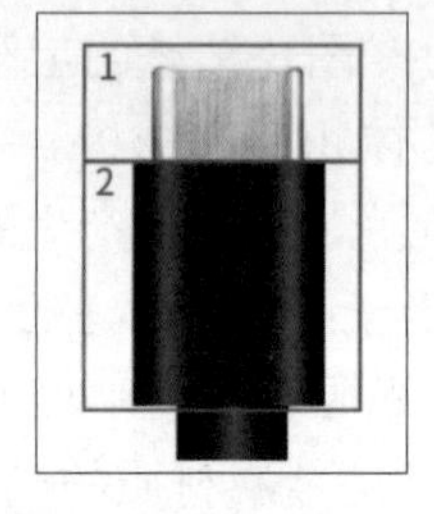

图 1.1.14　物理分界

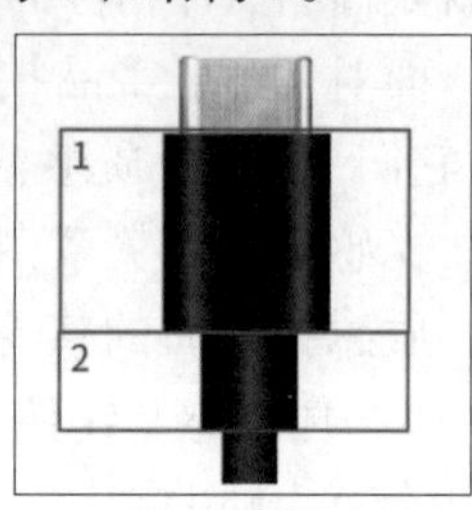

图 1.1.15　视觉分界

3. 钢笔工具在抠图分层处理上的应用

(1) 抠图注意要点

抠图通常使用精密度较高的“钢笔工具”。

“钢笔工具”可以绘制弯曲的线条，将需要抠出的部分绘制路径，然后通过“将路径作为选区载入”的方式来完成抠图。抠图时注意在结构连接处，处于下层的结构图层绘制路径时可适当延伸抠选范围，确保结构处的无缝对接。如图 1.1.16 左图所示，根据视觉结构，瓶体可分为瓶盖、金属圈、瓶身 3 种结构，图层顺序从上到下依次为金属圈、瓶盖、瓶身。图 1.1.16 右图所示为抠图路径示意图，蓝色为金属圈路径；红色为瓶盖路径，适当向下延伸；橙色为瓶身路径，适当向上延伸。

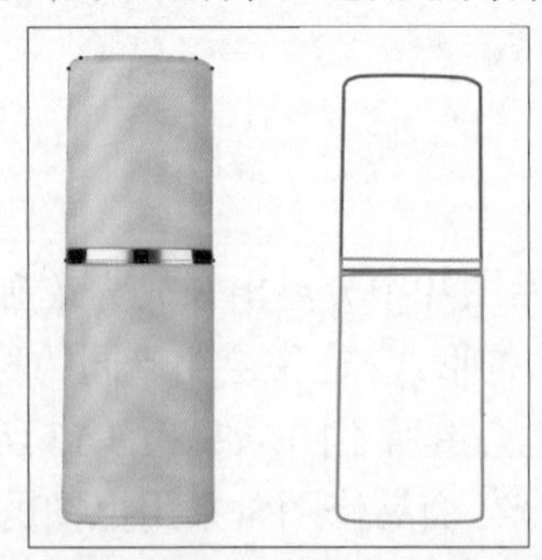

图 1.1.16　延伸结构确保无缝对接

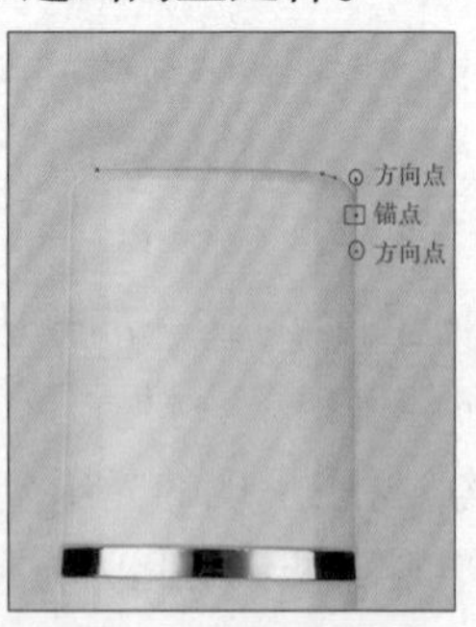

图 1.1.17　勾勒路径

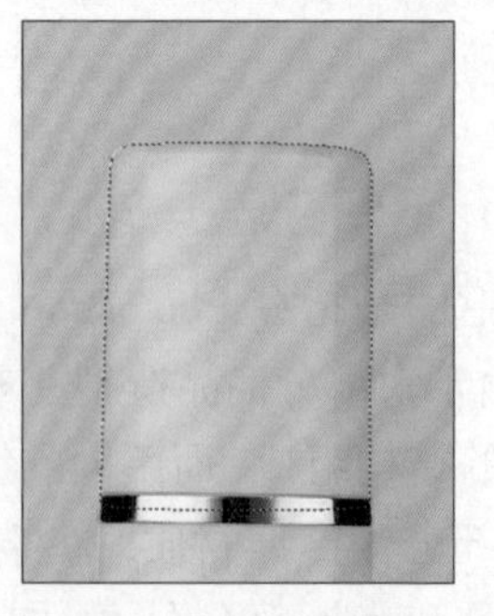

图 1.1.18　路径转换为选区

(2) 抠图的操作方法

“钢笔工具”抠图操作方法可参考以下案例：

抠图分层处理操作案例

①用“钢笔工具”针对指定区域勾勒出路径，如图 1.1.17 所示。在结构转折的两边添加锚点，每一个锚点都会有前后两个方向点，按住“Alt”键选中方向点，顺着结构线的走势调整方向点，确保抠图的平滑性。

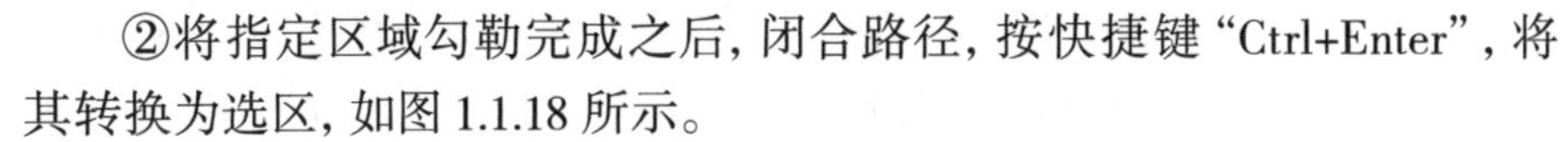

②将指定区域勾勒完成之后，闭合路径，按快捷键“Ctrl+Enter”，将其转换为选区，如图 1.1.18 所示。

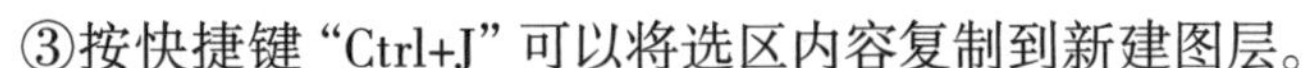

③按快捷键“Ctrl+J”可以将选区内容复制到新建图层。

行业观察 

修图师的职业认知

修图的领域分支较多，可以分为修人像、风景、静物、美食、动物、汽车、广告、合成等领域，如图 1.1.19、图 1.1.20 所示。而修人像的领域又能细分很多垂直领域，例如 4A 广告人像、时尚人像、婚纱写真人像、证件照人像、淘宝美工人像、婚礼活动等。静物领域如果根据商品的品类也分为非常多的垂直领域，例如护肤品类、服饰类、珠宝类等，每一个垂直领域对 Photoshop 软件的使用和修图思维、力度的掌控都是不同的。因此即使在某垂直领域工作了三四年的修图师，如果要转行至其他领域，都有可能是一名“新手”，例如从美食领域的修图师跨行进入汽车广告修图领域，也可能是一名新手。但是也正因为垂直领域较多，只要精通某一个垂直领域的修图就能在这个行业找到一份合适的职业，例如擅长化妆品的修图师就能找到一份对口的精修工作。

图 1.1.19　美食广告

图 1.1.20　汽车广告

电商领域对精修的需求较大，小到一张商品主图的精修，再到场景的搭建绘制，大到各类二级页、专题页都离不开精修。初入修图领域的新手，以市场需求为导向，发展技能，逐步提升，熟练应用 Photoshop 完成修图，实现岗位的晋升，但是这个阶段就是高级修图师了吗？

并不全然是，修图不仅仅只是对 Photoshop 工具的应用，还是修掉灰尘污渍，增加滤镜，强化光影，它应该体现修图师对美的判断，对光影的认识。修图是艺术的工作，修的是价值、修的是审美。每一个行业，都有二八定律，越是金字塔顶尖的行业，就越小众，群体就越少。一个成熟的资深商业修图师，需要 4~8 年的顶尖职业生涯历练。绝不是两个月的快速培训就能速成。资深的成熟商业摄影师，也需要 3~8 年的顶尖平台历练。在网络上看不到招聘高级商业修图师，不是因为这个行业没有，或者是不需要。恰恰相反，行业对高级修图师的需求很大，能成为高级修图师的群体少之又少。

修图师精细的修图，呈现的是美的艺术，任何在短时间内能掌握的技能只是辅助我们进入这个行业。能真正在金字塔尖工作的人，绝不是 3 分钟学会技能、5 分钟熟悉行业、1 个月就能登上行业顶峰。要想成为高级修图师最快的捷径就是不要走捷径，掌握核心技能，学以致用，精益求精，提升审美，提升自我，就会遇到更好的机遇。

学习活动 3 单侧光光影表现处理

在光的照射下，物体会产生明暗变化，从而塑造了物体的体积感。如图 1.1.21 所示，在两组图片中，左边的图形没有光感，而右边的图形有光感也有体积感、立体感。光影可以塑造物体的体积感。在商品修图里，可以通过添加光影来塑造商品的体积感。

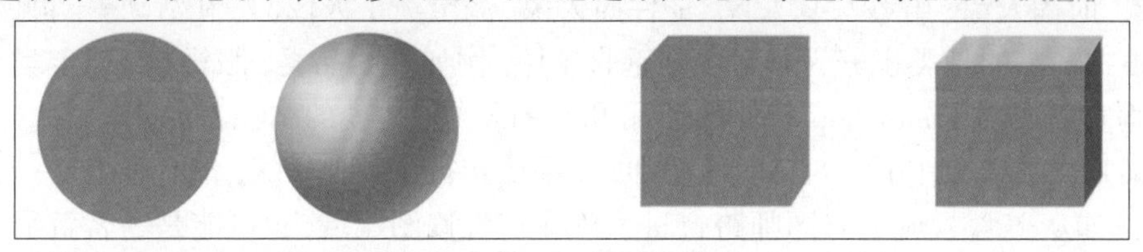

图 1.1.21 光影塑造体积感

1. 光影的构成关系

根据光在物体上的明暗分布规律，可以把光影的构成归纳为“两大部三大面五大调”，如图 1.1.22 所示。

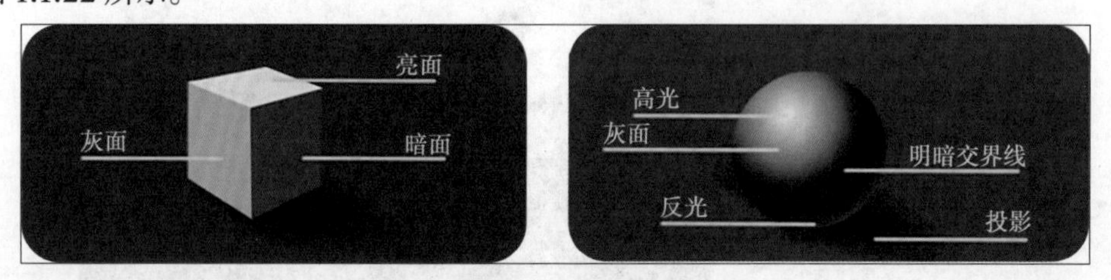

图 1.1.22 三大面五大调

（1）两大部指受光的亮部和背光的暗部，特别是在细小的缝隙光中，常常只体现光的两大部。

（2）三大面即黑白灰。物体在受光的照射后，呈现出不同的明暗，受光的一面叫亮面，侧受光的一面叫灰面，背光的一面叫暗面。

（3）五大调指高光、灰面、明暗交界线、反光及投影。

- 受光面（高光）：这是物体受光线 90° 直射的部分，这部分受光最大，调子淡，亮部的受光焦点叫高光，一般只有光滑的物体才会出现。
- 中间色（灰面）：这是物体受光侧射的部分，是明暗交界线的过渡地带，色界接近，层次丰富。
- 明暗交界线：由于它受到环境光的影响，但受不到主要光源的照射，因此对比强烈，给人的感觉调子最深。

● 反光：暗部由于受周围物体的反射作用，会产生反光。反光作为暗部的一部分，一般要比亮部最深的中间颜色要深。

● 背光面（投影）：物体背光部分。

2. 商品的反光类材质

反光类商品包括全反光体和半反光体两类。反光体及半反光体的商品表面光洁度非常高，大部分或全部的照明光都能够被反射出去，同时又能将拍摄环境的物体映照在其表面。一些光洁度高的商品在没有光照的情况下,也很容易在其表面看见拍摄者的影像。

（1）全反光体商品光洁度极高，多为镜面，如银器、珠宝类、不锈钢器皿、极亮的油漆表面等，如图 1.1.23 所示。全反光体商品成像效果反光强烈，明暗反差大，部分会有多而杂乱的耀斑，周围的物体容易映射在其表面。

不锈钢器皿

珠宝类

图 1.1.23　全反光体

塑料类

陶瓷类

图 1.1.24　半反光体

（2）半反光体则指表面较为平滑的物体，常见一些亚光材质，如塑料、磨砂玻璃等。半反光体较少映射周围物体，但是反射的光线较为柔和，物体上的光线过渡较分明，明暗呈现渐变的过程，如图 1.1.24 所示。

通过对反光类商品特点的总结与观察以上商品实拍图，我们可以看出，在反光类商品实拍图中，经常会出现以下问题：

①容易映射周围的物体；

②整体光感不规整，亮面、灰面、暗面的光影效果不明显；

③亮面与灰面、暗面的转折、结构不明显；

④质感的表现不够强；

⑤半反光体光影明暗过渡较为柔和，未能体现体积感。

3. 单侧光的光影构成原理

光影是由光投射在物体上形成的，所以物体的受光效果，在很大程度上决定了光影的表现形式。针对商品拍摄的布光，单侧光是最为常见的布光方式之一。

单侧光一般由 3 盏灯组成。如果在拍摄前将一盏灯直接投射到商品的左边，则会在商品的左边形成一个主光面。这时在商品的右边放置一块反光板，则物体的右边会形成一个辅光面。如果在商品背景前面有两盏灯直接投射到背景的反光板上，这时在商品的左右两侧会形成反光，如图 1.1.25 所示。

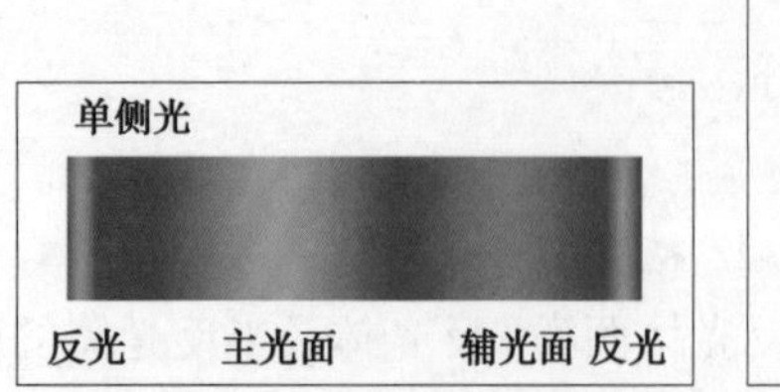

图 1.1.25 单侧光的光影构成

4. 光影的表现方法

光源的层次可分为三大层，中心高光层、扩散层、散射层。中心高光层指发光体的位置；扩散层指发光向外扩散的位置；散射层指发光向外扩散的第二层。如图 1.1.26 所示。

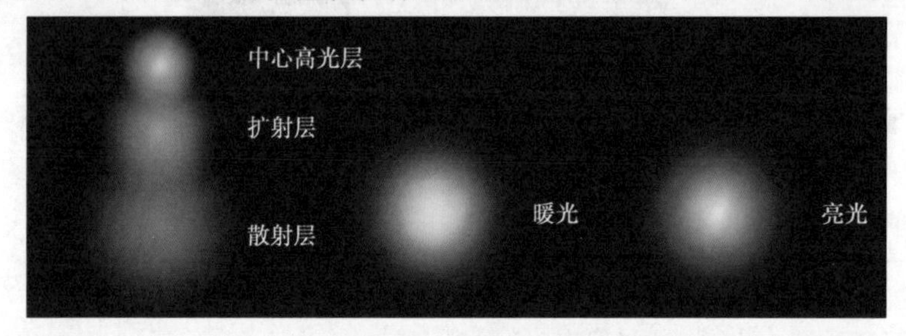

图 1.1.26 光源的层级

因此为了营造光影层次感，商品的亮部和暗部都会通过绘制多层光影来表现，例如商品亮部处理时会根据层级顺序从里到外铺设散光层、柔光层和聚光层。不同层级的光的散度通常使用“高斯模糊”命令或“羽化”工具来控制散度范围，如塑料材质的光源比较模糊、柔和，散光层可以参考图 1.1.27 散光条中散度 150 以上的效果，柔光层可参考散度 75~100 的效果，聚光层可以参考散度为 50~75 的效果。

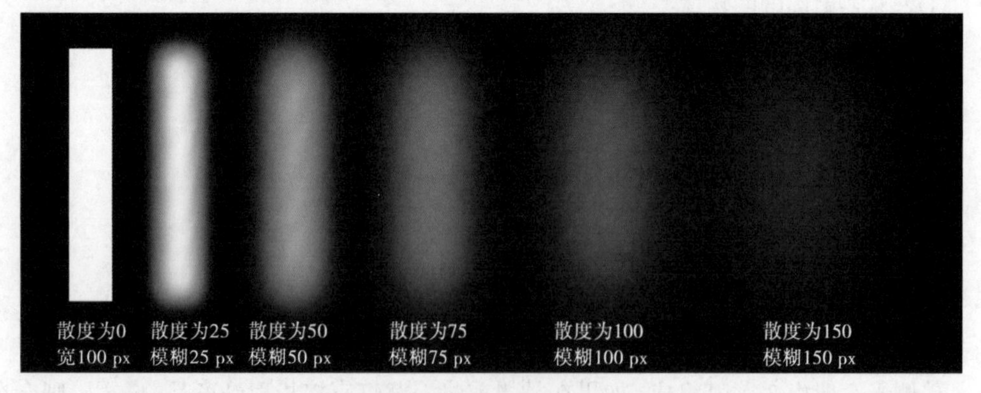

图 1.1.27 散光条

5. 光影绘制的操作方法

（1）大面积规则光影绘制的操作方法可参考以下步骤：

①新建图层，用“选框”工具 绘制矩形，前景色设置为白色，按快捷键“Alt+Delete”填充前景色。当绘制的矩形超出了圆柱体区域，可通过选中矩形图层，单击鼠标右键，选择“创建剪贴蒙版”命令，将超出的范围隐藏，如图1.1.28所示。

②执行“滤镜”→“模糊”→“高斯模糊”命令，将亮部矩形左右两侧的边缘处理得柔和、自然一些，如图1.1.29所示。

图1.1.28　绘制亮部矩形条　　图1.1.29　亮部矩形条高斯模糊处理

（2）边缘暗部光影绘制的操作方法可参考以下案例：

方法一：负形处理。

①选中瓶身图层，按下“Ctrl”键的同时单击“图层”面板里的图层，激活该图层，变成选区，如图1.1.30所示。

②按“M”键选中选区状态，移动键盘上的右方向键把选区往右边移动，如图1.1.31所示。

③按快捷键“Ctrl+Shift+I”反向选区，按住快捷键“Shift+Alt”的同时用矩形选框绘制矩形选区，得到边缘的交叉选区，如图1.1.32所示。

④新建一个图层，填充暗部的颜色，得到边缘暗部带，如图1.1.33所示。

⑤执行“滤镜”→“模糊”→“高斯模糊”命令调整暗部使其自然过渡，如图1.1.34所示。

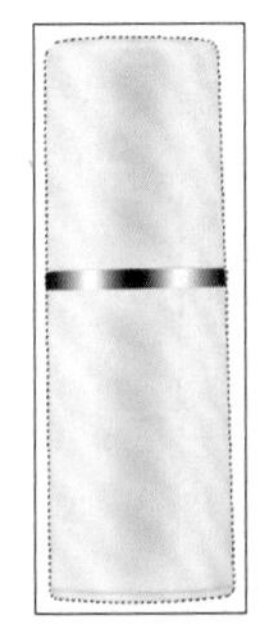
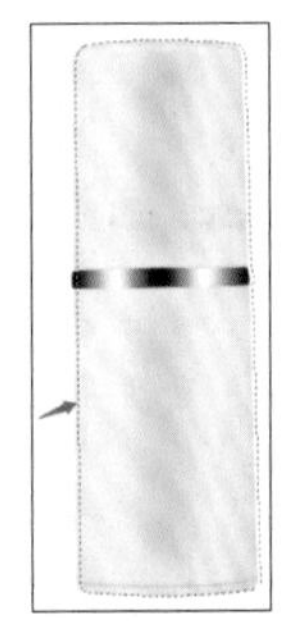
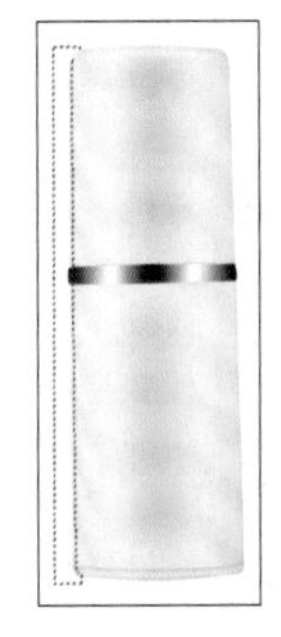

图1.1.30　选中选区　　图1.1.31　移动选区　　图1.1.32　交叉选区

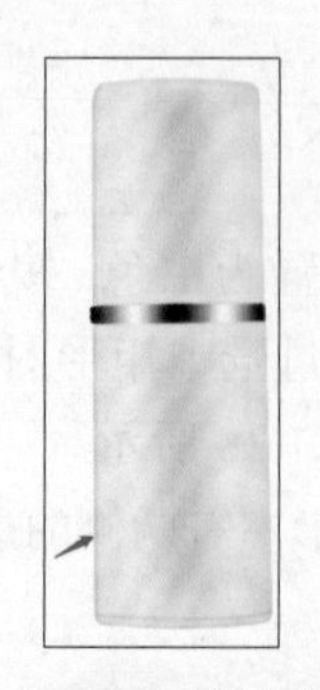
图 1.1.33 填充颜色

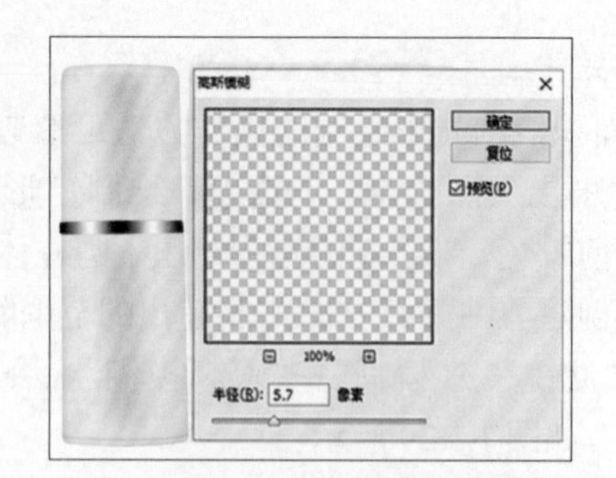

图 1.1.34 模糊处理

方法二：描边。

①选中瓶身图层，按下“Ctrl”键的同时单击“图层”面板里的图层，激活该图层，变成选区，新建一个图层。

②按快捷键“Alt+E+S”，弹出“描边”对话框，如图 1.1.35 所示。在“描边”对话框中，根据边缘暗部的大小，选择合适像素的宽度，位置选择“内部”，单击“确定”按钮，得到边缘暗部带，如图 1.1.36 所示。

③执行“滤镜”→“模糊”→“高斯模糊”命令调整暗部使其自然过渡，如图 1.1.37 所示。

单侧光光影表现处理操作案例

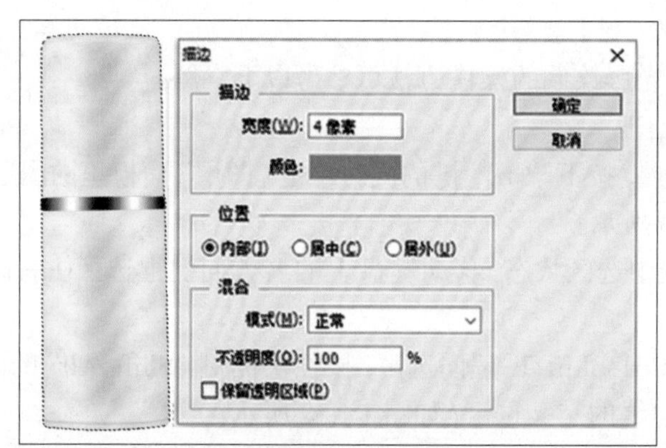

图 1.1.35 描边选区

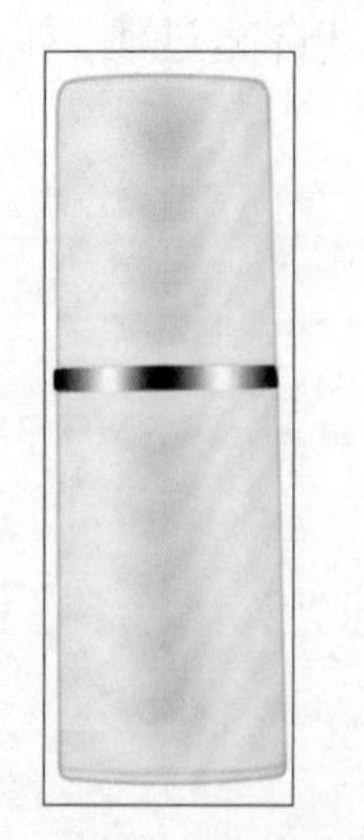
图 1.1.36 边缘暗部带

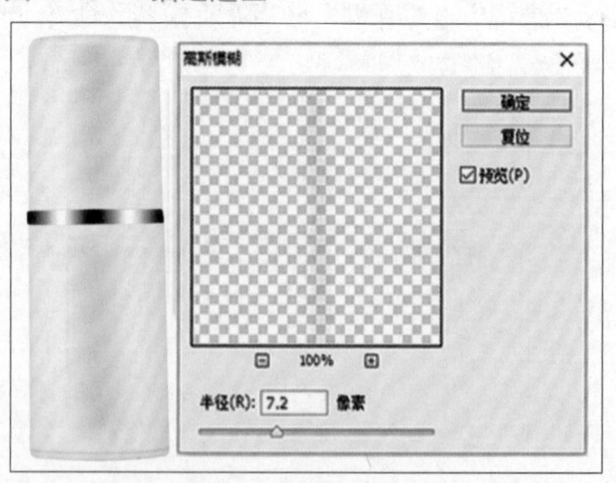

图 1.1.37 模糊处理边缘暗部

任务清单2 任务实施表

<table>
<tr><td rowspan="7">任务实施</td><td>任务内容</td><td>操作目标</td><td>方法</td><td colspan="2">操作效果</td></tr>
<tr><td rowspan="6">完成以下商品实拍图的精修。</td><td>例：分结构抠图。</td><td>使用“钢笔工具”。</td><td colspan="2"></td></tr>
<tr><td></td><td></td><td colspan="2"></td></tr>
<tr><td></td><td></td><td colspan="2"></td></tr>
<tr><td></td><td></td><td colspan="2"></td></tr>
<tr><td></td><td></td><td colspan="2"></td></tr>
<tr><td></td><td></td><td colspan="2"></td></tr>
<tr><td>任务总结</td><td colspan="5">通过任务的实施，请勾选你认为已经掌握的知识或技能目标。
(　　)已了解商品图片矫正塑形处理的意义及处理方法；
(　　)已掌握物理分界及视觉分界分结构的方法；
(　　)已理解光的三大调五大面的特点；
(　　)已了解光的层级特点；
(　　)已掌握单侧光的光影特点；
(　　)能够使用“钢笔工具”完成商品图片的精确抠图，并能完成分层建组处理；
(　　)能够使用“高斯模糊”处理光的散度；
(　　)能够描绘强化单侧光光影。</td></tr>
<tr><td rowspan="11">任务点评</td><td>序号</td><td>处理操作</td><td>完成情况</td><td>标准分</td><td>评分</td></tr>
<tr><td>1</td><td>商品图矫正塑形。</td><td></td><td>10</td><td></td></tr>
<tr><td>2</td><td>商品图褪底，白底图。</td><td></td><td>15</td><td></td></tr>
<tr><td>3</td><td>商品图单侧光光影表现符合商品特性。</td><td></td><td>25</td><td></td></tr>
<tr><td>4</td><td>凸显瓶盖、瓶身结构。</td><td></td><td>20</td><td></td></tr>
<tr><td>5</td><td>还原商品颜色。</td><td></td><td>10</td><td></td></tr>
<tr><td>6</td><td>工单填写。</td><td></td><td>5</td><td></td></tr>
<tr><td>7</td><td>团队合作、沟通表达。</td><td></td><td>5</td><td></td></tr>
<tr><td>8</td><td>美工素养（规范意识）。</td><td></td><td>10</td><td></td></tr>
<tr><td>9</td><td colspan="3">合计</td><td></td></tr>
<tr><td>10</td><td>教师评语</td><td colspan="3"></td></tr>
</table>

实操锦囊

1. 分析图片

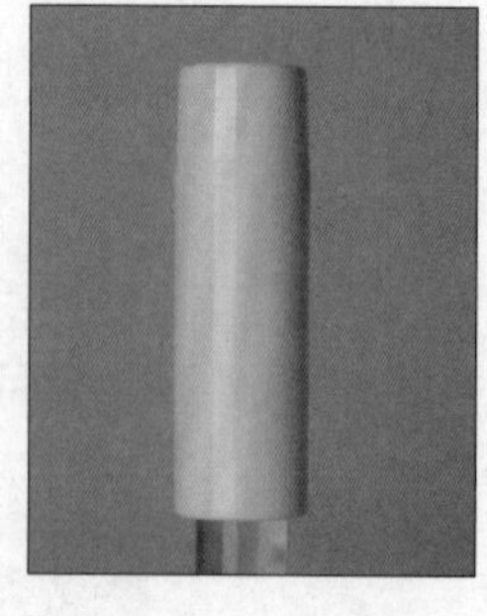

图 1.1.38　实拍图

通过分析原图，结合商品精修五大核心要素，发现商品图片（见图 1.1.38）有以下几点问题：

（1）商品造型有歪斜，瓶盖和瓶身变形程度不一，盖子和瓶身衔接的结构位置不明显；

（2）商品图光感不强，整体偏灰暗；

（3）商品本身颜色为白色，但是图片有偏色；

（4）商品拍摄采用单侧光拍摄，但是右边暗部过暗，整体暗部不协调。

2. 矫正塑形处理

在 Photoshop 中选择“文件”→“打开”找到文件所在位置，打开商品图，按快捷键“Ctrl+R”，导出参考标尺，针对商品建立参考线，选择选框工具框选瓶盖位置，按快捷键“Ctrl+T”，单击鼠标右键选择“斜切”工具，拖拽瓶顶的两个对角，按回车键确定斜切效果，对商品进行矫正塑形，如图 1.1.39—图 1.1.41 所示。

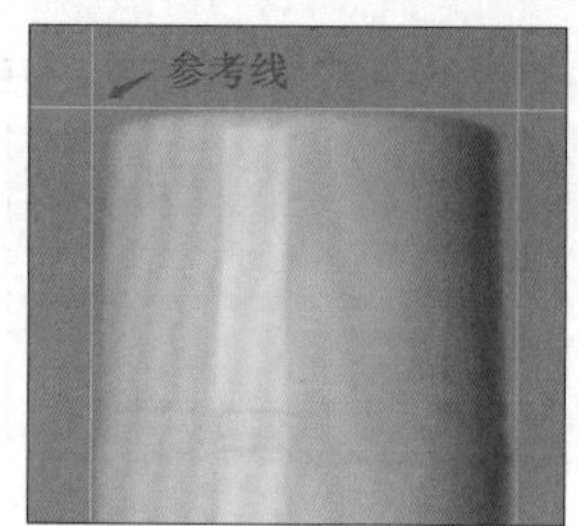

图 1.1.39　建立参考线

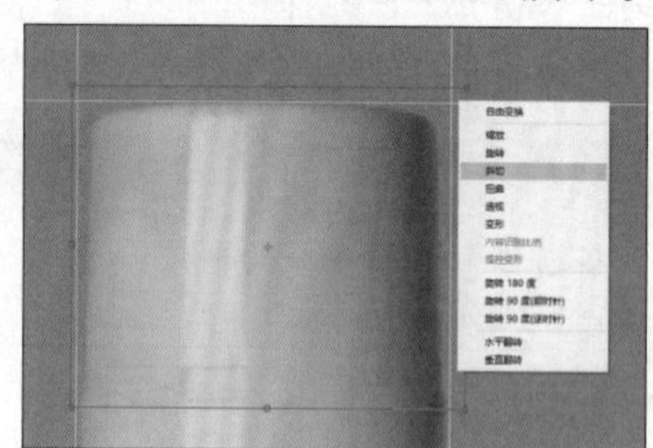

图 1.1.40　选择“斜切”工具

图 1.1.41　拖拽顶角矫形

3. 抠图分层处理

（1）利用“钢笔工具”，分别针对 3 个结构进行抠图建组。以瓶盖结构为例，利用“钢笔工具”绘制路径，如图 1.1.42 所示。按快捷键“Ctrl+Enter”转换为选区，如图 1.1.43 所示按 1 按钮创建新组，按 2 按钮建立蒙版，如图 1.1.44 所示。

图 1.1.42　“钢笔工具”绘制路径

图 1.1.43　创建新组及蒙版

图 1.1.44　建组情况

（2）建立分组后，新建白色图层置于商品图下层，如图 1.1.45 所示。至此商品图的抠图去底完成，如图 1.1.46 所示。

图 1.1.45　图层栏

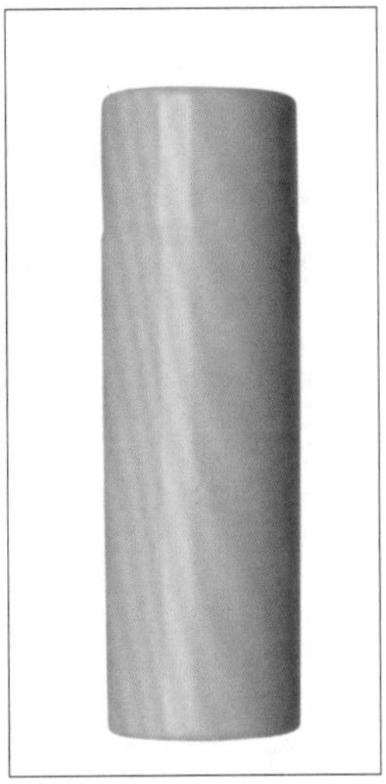

图 1.1.46　去底图

■ 更多步骤与完整操作视频请扫码查看。

保湿喷雾精修更多步骤

保湿喷雾精修操作视频

能力迁移

任务描述：根据以上实训任务进行总结，结合所学内容，填写任务总结分析表，完成唇釉商品图的精修。

任务清单 3　任务总结分析表

<table>
<tr><th colspan="3">任务清单</th></tr>
<tr><td>任务内容</td><td colspan="2">完成唇釉商品实拍图的精修。</td></tr>
<tr><td>商品实拍图</td><td colspan="2"></td></tr>
<tr><td>要求</td><td colspan="2">请根据所学内容，分析在该商品实拍图中光滑硬塑料材质部分存在的问题，并撰写拟使用的解决方法。</td></tr>
<tr><td rowspan="6">任务分析</td><td>精修内容</td><td>解决方法</td></tr>
<tr><td>例如：在实操案例中，商品主要从矫正塑形、抠图分层、单侧光光影绘制、色感调整等方面进行精修。</td><td>例如：抠图分层处理是按视觉分界利用“钢笔工具”分结构绘制路径的方法来解决问题。</td></tr>
<tr><td></td><td></td></tr>
<tr><td></td><td></td></tr>
<tr><td></td><td></td></tr>
<tr><td></td><td></td></tr>
</table>

课后练习

1. 单选题

(1) 光的三大面中不包含以下哪个？(　　)

A. 亮面　　B. 灰面　　C. 暗面　　D. 渐变面

(2) 反光类商品实拍图中，容易出现以下哪些问题？（　　）

A. 映射周围物体

B. 亮面、灰面与暗面的光影效果不明显

C. 亮面、灰面与暗面的转折、结构线不明显

D. 以上都是

(3) 分结构抠图时，可以以什么为分界依据？（　　）

A. 物理分界　B. 颜色分界　C. 形状分界　D. 虚实分界

(4) 在影棚拍摄使用单侧光布光时，商品的光影呈现包含哪些面？（　　）

A. 主光面　B. 辅光面　C. 反光面　D. 以上都是

(5) 光源分为几个层级？（　　）

A.1　B.2　C.3　D.4

2. 判断题

(1) 全反光类商品较少映射周围物体，反射的光较为柔和。（　　）

(2) 即使是细小的缝隙光，精修中也一定要表现出三大面五大调。（　　）

(3) 明暗交界线由于受到环境光的影响，但受不到主要光源的照射，因此对比强烈，给人的感觉调子最深。（　　）

(4) “钢笔工具”具有辅助观看水平线或划分图像视觉区域的作用。（　　）

(5) 在“高斯模糊”对话框中调整图形对象的模糊效果时，“半径”值设置得越大，图形模糊效果就越明显，反之亦然。（　　）

3. 填空题

(1) 矫正塑形指____________________。在 Photoshop 中进行矫正塑形处理时，首先会通过添加__________，利用__________辅助判断商品是否存在歪斜、变形；然后根据判断结果，使用自由变换命令，对图像进行________________等操作进行矫正塑形。

(2) 物理分界指根据________进行分界，视觉分界指依据________来进行分界，在转折过渡处________需要分结构，________________不需要分结构。

(3) 抠图通常使用精密度较高的________，将需要抠出的部分绘制路径，然后通过________的方式来完成抠图。

(4) 反光类商品实拍图中，经常会出现的问题：______________、____________、____。

(5) 如果在拍摄前将一盏灯直接投射到商品的左边，则会在商品的左边形成一个________。这时如果在商品的右边放置一块反光板，则物体的右边会形成一个________。如果在商品背景前面有两盏灯直接投射到背景的反光板上，这时在商品的左右两侧会形成________。

任务 2 对称光塑料材质商品图片精修

学习目标

知识目标

- 了解结构的基本形；
- 掌握对称光的光影特点及处理方法；
- 了解凹槽面的光影特点，掌握图层样式的工具特点。

能力目标

- 能够判断商品的结构，并能利用“钢笔工具”绘制商品结构；
- 能够描绘强化对称光光影，完成对称商品的高光部分提亮，提升商品的立体感；
- 能够描绘强化商品凹槽面结构的细节光影，提升凹槽面细节的立体感。

素质目标

- 树立学生二次构图的创新思维；
- 培养学生善于观察的工作能力。

任务清单 1　任务分析表

项目名称	任务清单内容	
任务情景	本期客户提供了一张洁面乳实拍图，针对拍摄图提出了以下修图要求： ①需增加商品的饱满度，提升商品的对称性； ②需增强商品图的光感和立体感； ③需矫正商品图的颜色和光泽度。	洁面乳实拍图
任务目标	完成深色软管——洁面乳商品图的精修。	
任务分析	问题	分析
	商品拍摄图是否饱满，商品本身是否规整、是否存在歪斜、变形？	
	对比基础布光方法，该商品拍摄图呈现的整体光感表现是否符合商品外包装材质特性？	
	对比商品实物，商品包装材料的颜色是否被真实还原？	
	通过网络搜索该商品及包装材质软管瓶体的特点，分析该拍摄图能否体现商品特色？	
	通过网络搜索相关包装材质的商品图，对比分析该商品图有哪些不足？	

学习活动1　绘制修图处理

修图时，利用自由变换命令可以处理常见的商品形态歪斜、变形问题，但是由于商品本身结构的不完整、缺陷、扭曲或拍摄时存在遮挡，导致商品不够规整影响美观，如图1.2.1所示。如果商品表面比较光滑、没有较多纹理结构，精修师往往会采用重新绘制结构的方法来绘制商品结构。

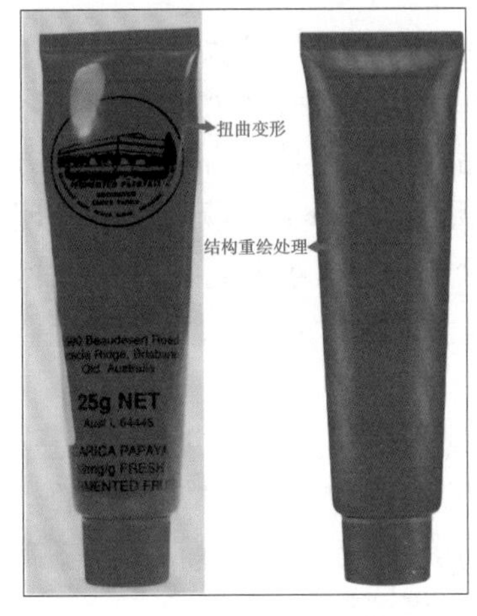

图1.2.1　商品变形或结构被遮挡

任何物体都是由基本形构成的，生活中许多结构复杂的物体都可以看成是由多个基本形构成的，基本形包含圆柱、圆锥、正方体、长方体、球体等，如图1.2.2所示，左图为基本形，右图商品结构可以由圆柱体、正方体组成。如果掌握了基本形的光影结构绘制，也就掌握了不同商品的光影结构绘制。

绘制修图处理操作案例

结构重绘处理即利用"钢笔工具"分结构绘制路径后"将路径作为选区载入"，填充与商品颜色相近的颜色，完成商品结构的绘制处理，如图1.2.3、图1.2.4所示。

图1.2.2　结构基本形

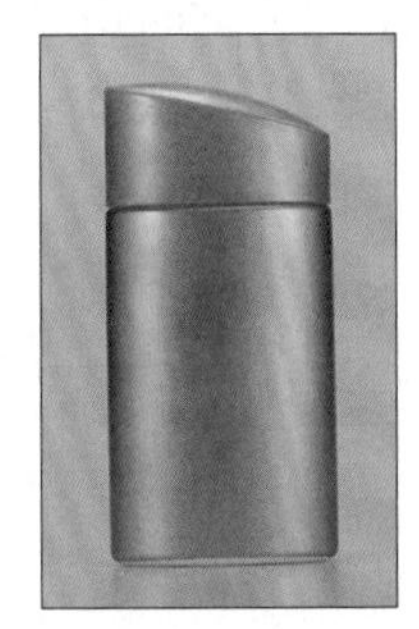

图1.2.3　实拍图

图1.2.4　结构重绘

直通职场

修图还是秀图?

蓝色变灰色，实物有色差？纯棉变化纤，材质有歧义？多种功能按键不翼而飞，功能有不同？为赢得更多交易，不少网店卖家对其商品作夸大的，或者杜撰的、不确定的宣传和描述，抑或故意隐瞒重要信息，宣传不符泛滥，因而引发纠纷不断。

《中华人民共和国消费者权益保护法》第二十条规定："经营者向消费者提供有关商品或者服务的质量、性能、用途、有效期限等信息，应当真实、全面，不得作虚假或者引人误解的宣传。"第二十三条规定："经营者以广告、产品说明、实物样品或者其他方式表明商品或者服务的质量状况的，应当保证其提供的商品或者服务的实际质量与表明的质量状况相符。"《网络商品交易及有关服务行为管理暂行办法》第十七条规定："网络商品经营者和网络服务经营者发布的商品和服务交易信息应当真实准确，不得作虚假宣传和虚假表示。"

在 Photoshop 中复制粘贴，简单几秒就能决定商品结构是多一点还是少一点。色彩工具一拉动，色彩瞬间变换。商品图作为消费者的重要决策依据，应真实体现商品的信息，不应被过度美化。Photoshop 工具的应用是还原商品的美，而不是设计商品的美，商品精修源于生活，修图师应善于观察生活万物，脚踏实地，实事求是。

学习活动 2　对称光光影处理

1. 对称光的光影构成原理

对称光也是常见的一种布光方式。商品拍摄时，对称光一般是由 3 盏灯组成，将两盏同样的灯分别置于商品的左右两侧，便会在商品的两侧形成同样的两道光。同时，将另外一盏灯放在商品的后方，则会在商品的左右边缘形成两道反光。

针对对称光的塑料材质商品拍摄，当光投射在商品上时，光源模糊，明暗过渡均匀，反射较小，如图 1.2.5、图 1.2.6 所示。

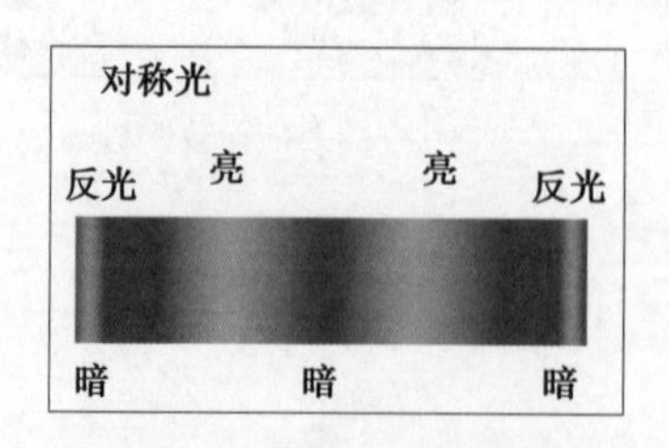

图 1.2.5　对称光光影特点

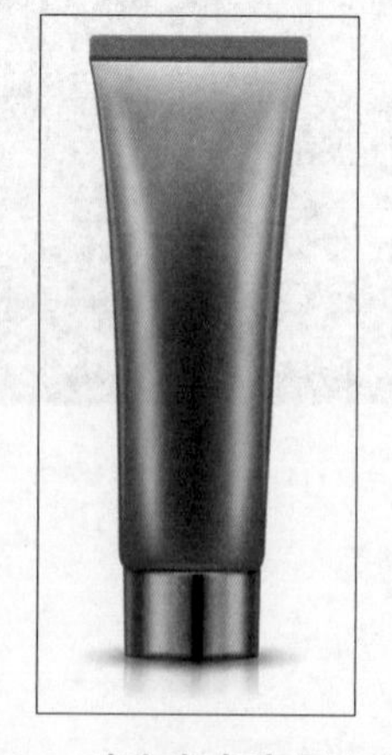

图 1.2.6　对称光在商品上的表现

2. 不规则光影绘制的操作方法

随着电商的发展，商品的丰富性和竞争性与日俱增，商家除了在商品内容上不断革新前进外，在外包装上也为达到引人入胜的视觉传达效果而不断更新设计，形成独特的品牌。因此商品外包装不仅仅局限于基本形，而光影的形状、走向与商品结构息息相关，光投射在物体上呈现的光影与商品结构形状保持一致，如图 1.2.6、图 1.2.7 所示。

不规则的光影绘制，通常会使用“钢笔工具”绘制路径或形状。操作方法可参考以下案例：

①用“钢笔工具”沿着瓶身右侧绘制一个亮部形状，如图 1.2.8 所示。

②在属性面板中调整羽化值，如图 1.2.9 所示，得到图 1.2.10 的效果。

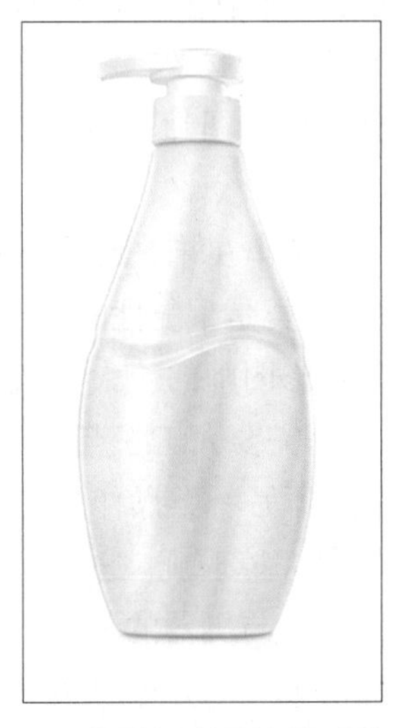

图 1.2.7　光影与商品结构形状一致

图 1.2.8　“钢笔工具”描绘形状

图 1.2.9　羽化设置

图 1.2.10　光影效果

行业观察

修图师会被 AI 人工智能取代吗？

一键抠图，精细化的瑕疵修复与暗沉去除，一键调整光感与对比，平平无奇的商品图片瞬间清晰明亮……AI 技术让修图小白秒变大师。

在过去，修图是一项技术活，需要熟练操作 Photoshop 等较为复杂的软件，光是看着图层的概念就让人头疼。随着近年来移动互联网的飞速发展，各种各样的修图 App 层出不穷，小白用户随便下载一个修图软件，使用滤镜就能一键修出大片效果。修图师或多或少都感到了危机，担心自己的饭碗会被 AI 抢走，变得毫无价值。那么，到底修图师这个职业会不会消失掉呢？未来是否仍然有修图师存在的必要？

可以肯定地说，修图行业一定会被人工智能改变，但修图师不会被取代，只是会以另一种方式存在。

人工智能适合解决重复的问题，凡是大量重复的操作在未来都会被取代。对于一个修图师而言，修一张图片可以被视为包含两类操作。一类是重复性的、机械性的操作，比如调亮度、去斑点、去红眼等。这类操作以前占据着修图师的绝大多数时间，现在已经很自动化了，用 Photoshop 模板就能一键解决，但还是需要人工去点几下。像这类机械性的操作接下来一定可以被 AI 取代。除此之外，修图师另一类操作是创造。修图师需要根据自己对美的理解让图片变得更美，而不只是仅仅去掉瑕疵。这项工作在可见的未来是无法被机器替代的。对于美的理解和创造，可能是人与机器的一个本质区别之一。人工智能在短期内还无法适应创造性的工作。所以说，修图一定会被人工智能改变，机械性的工作会被替代，修图师将会把更多的时间放在创造性的工作上，同时也会变得更高效。

科技已经给修图行业带来了巨大的改变，AI 会把人们从重复性、机械性的修图操作中解放出来，修图师更多的价值和作用在于创造性地将自己对美的理解通过照片传递出来。当然，在 AI 的辅助下修图效率会得到极大提高，市场对修图师的数量需求会越来越小。修图很可能会变成一个小而专的行业。

学习活动 3　凹槽面体积感处理

1. 凹槽面的光影特点

凹槽指物体表面上凹下的槽，由于商品为了增加辨识度或提高使用的便利性，会在商品表面增加凹槽用以刻印商品 LOGO、生产日期或保质期等标识，如图 1.2.11 所示。在商品拍摄中，凹槽部分常会出现以下问题：受光较少，整体偏暗；结构线不明显，体积感不强。

市场上常见的软管包材中，由于封尾机的工艺原理，封尾有直纹封尾、斜纹封尾、伞形封尾等多种样式。封尾处由于需要处打印所需的日期码，也会存在凹槽面，如图 1.2.12 所示。

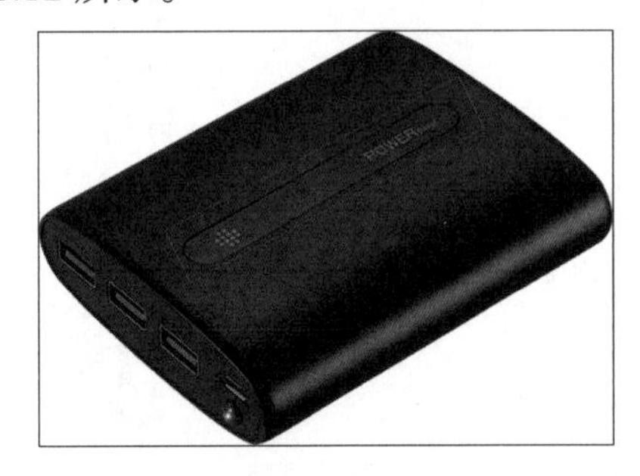

图 1.2.11　凹槽

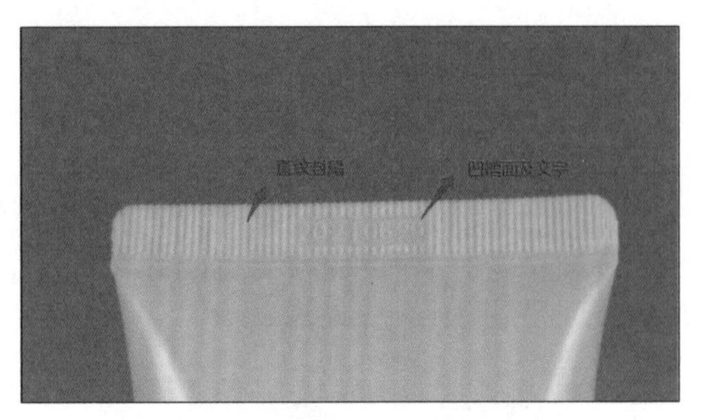

图 1.2.12　封尾

2. 凹槽面体积感处理的常用工具

由于凹槽面结构线较细，不适合用大面积光影铺光的方式进行处理，在精修中应用图层样式常可用于完成凹槽面体积感的处理。

图层样式是指 Photoshop 中的一项图层处理功能，能够简单、快捷地制作出各种立体投影，各种质感以及光影效果的图像特效。与不用图层样式的传统操作方法相比较，图层样式具有速度更快、效果更精确、可编辑性更强等优势。图层效果可以应用于标准图层、形状图层和文本图层。以下是常用的几种样式：

- 投影：将为图层上的对象、文本或形状后面添加阴影效果，提高立体感。投影参数由“混合模式”“不透明度”“角度”“距离”“扩展”和“大小”等各种选项组成，通过对这些选项的设置可以得到需要的效果。
- 内阴影：将在对象、文本或形状的内边缘添加阴影，让图层产生一种凹陷外观。
- 外发光和内发光：将从图层对象、文本或形状的边缘向外或向内添加发光效果。设施参数可以让对象、文本或形状更精美，形成亮面的视觉效果。
- 斜面和浮雕：对图层添加高光与阴影的各种组合，适合用于文字体积感的塑造。“斜面和浮雕”对话框样式参数解释如下。

①外斜面：沿对象、文本或形状的外边缘创建三维斜面。

②内斜面：沿对象、文本或形状的内边缘创建三维斜面。

③浮雕效果：创建外斜面和内斜面的组合效果。

④枕状浮雕：创建内斜面的反相效果，其中对象、文本或形状有下沉的视觉效果。

⑤描边浮雕：只适用于描边对象，即在应用描边浮雕效果时才打开描边效果。

凹槽面体积感处理操作案例

任务清单 2　任务实施表

	任务内容	操作目标	方法	操作效果
任务实施	完成以下商品实拍图的精修。	例：对称光的光影绘制等具体操作目标。	使用“钢笔工具”绘制光影形状等具体操作方法。	

任务总结	通过任务的实施，请勾选你认为已经掌握的知识或技能目标。 (　　) 已了解结构的基本形； (　　) 已掌握对称光的光影特点及处理方法； (　　) 已了解凹槽面的光影特点，掌握图层样式的工具特点； (　　) 能够判断商品的结构，并能利用“钢笔工具”绘制商品结构； (　　) 能够使用“钢笔工具”绘制光影形状，结合“羽化”工具描绘强化对称光光影； (　　) 能够合理使用图层样式描绘强化商品凹槽面结构的细节光影。

	序号	处理操作	完成情况	标准分	评分
任务点评	1	商品图结构重绘。		15	
	2	商品图褪底，白底图。		5	
	3	商品图对称光光影处理。		25	
	4	商品图塑料材质表现。		20	
	5	还原商品颜色。		15	
	6	工单填写。		5	
	7	团队合作、沟通表达。		5	
	8	美工素养（二次构图的创新思维、观察能力）。		10	
	9	合计			
	10	教师评语			

实操锦囊

1. 分析图片

亚光材料虽然在摄影打光时不会出现让摄影师头疼的高反光问题，但是会造成商品本身的光感不明显的问题。如果商品的光感不明显，其立体层次感就无法突出（即使商品的颜色组成对比很强烈，整个商品还是显得很平面）。

在周围环境的影响下，该商品实拍图（见图 1.2.13）反映出了以下几个问题：

①原图光泽度不够，凸显不出商品的光感；

②商品形状不规整，商品不对称；

③商品立体感比较难拍，效果比较平淡。

图 1.2.13　洁面乳实拍图

2. 绘制结构

（1）在 Photoshop 中，选择“文件”→“打开”找到文件所在位置，打开产品图，按快捷键“Ctrl+R”，导出参考标尺，在产品的边缘位置建立参考线，如图 1.2.14 所示。

（2）根据物理和视觉分界，可以把产品结构分为瓶尾、瓶身和瓶盖 3 个结构。利用“钢笔工具”，分别针对 3 个结构进行抠图建组。以瓶尾结构为例，新建空白图层，利用“钢笔工具”绘制路径。为了使产品显得规整，可以在勾勒路径时绘制较为规则的形状，如图 1.2.15 所示。按快捷键“Ctrl+Enter”转换为选区，将前景色调整为与瓶身颜色接近的颜色，按快捷键“Ctrl+Backspace”填充前景色，按快捷键“Ctrl+D”取消选区，得到瓶尾的结构图层。如图 1.2.16 所示。

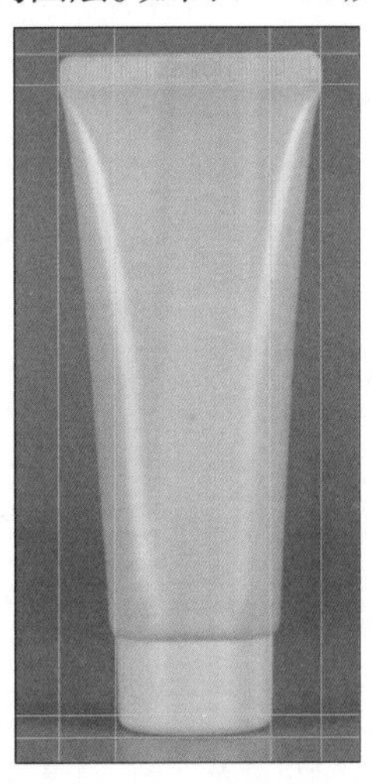

图 1.2.14　参考线示意

图 1.2.15　绘制路径

图 1.2.16　填充颜色

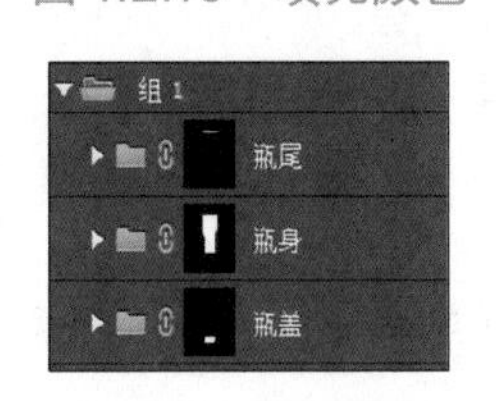

图 1.2.18　建组情况

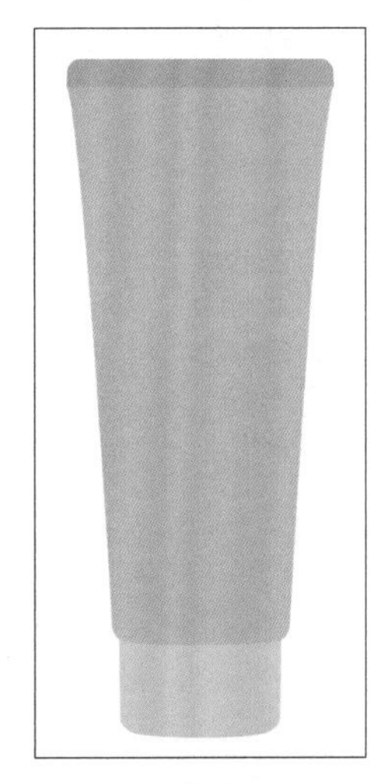

图 1.2.17　整体绘制结构

利用同样的方法绘制瓶身和瓶盖，如图 1.2.17 所示。并分别为 3 个结构建组，如图 1.2.18 所示。

3. 瓶尾凹槽面体积感处理

参考原图，分析瓶尾结构：瓶尾中含有直形条纹、立体数字和凹陷块面。

（1）直形条纹的绘制。通过矩形选框绘制矩形，填充为比瓶尾颜色更亮一些的颜色，如图 1.2.19 所示，按“Alt”键，单击鼠标左键不松手，拖动复制小矩形，移动位置控制两个矩形的间隔，同时选中两个矩形图层，点击鼠标右键，选择“合并图层”，如图 1.2.20 所示。通过同样的操作方法，最后制作出整排直形条纹，向上移动条纹，留出间隔。如图 1.2.21 所示。

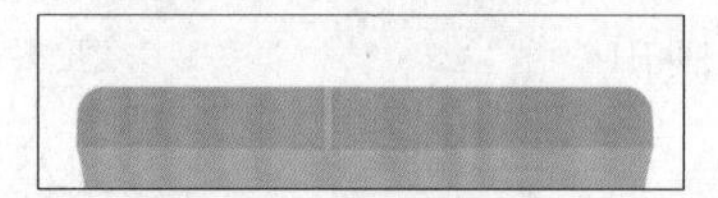

图 1.2.19　绘制矩形条纹

图 1.2.20　复制矩形条

图 1.2.21　直形条纹效果

（2）直形条纹的立体感处理。选中直形条纹图层，在图层调板上单击“添加图层样式”，选择“斜面和浮雕”图层样式，在弹出的“图层样式”对话框中，调整参数，如图 1.2.22 所示，完成直形条纹的立体感处理。

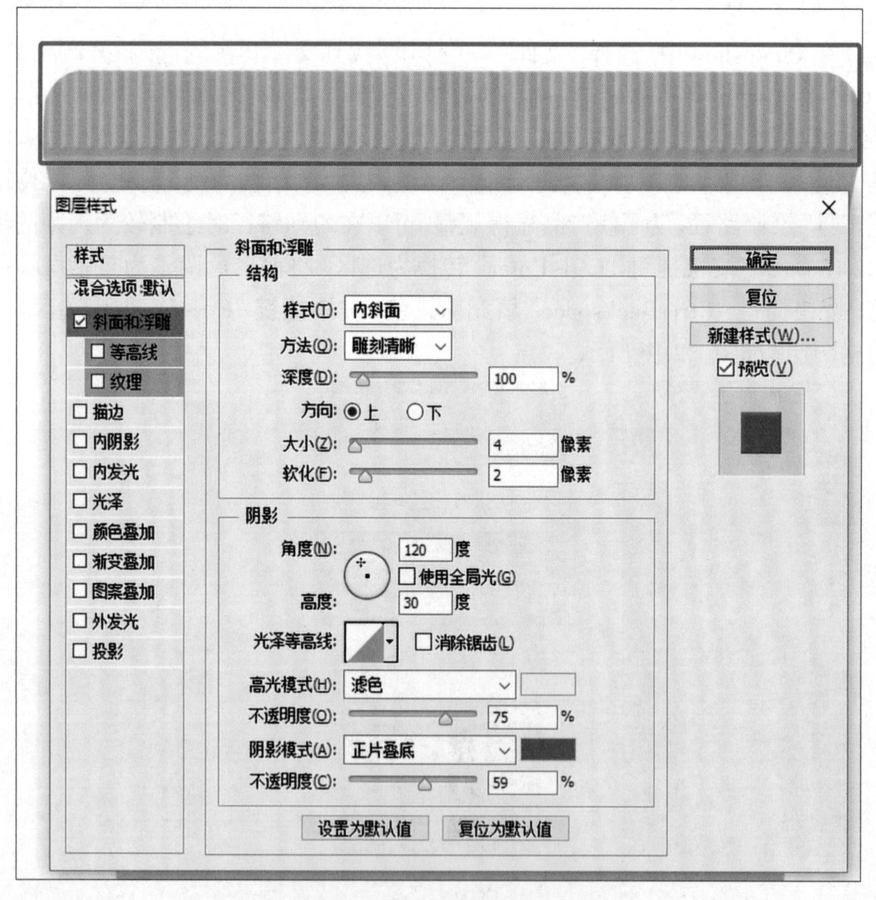

图 1.2.22　直形条纹的立体感处理

（3）凹陷块面的绘制。通过矩形选框绘制矩形，填充为与瓶尾颜色接近的颜色，如图 1.2.23 所示。选中块面图层，在图层调板上点击“添加图层样式”，选择“内阴影”

或“内发光”图层样式，在弹出“图层样式”对话框中，调整参数如图 1.2.24 和 1.2.25 所示。

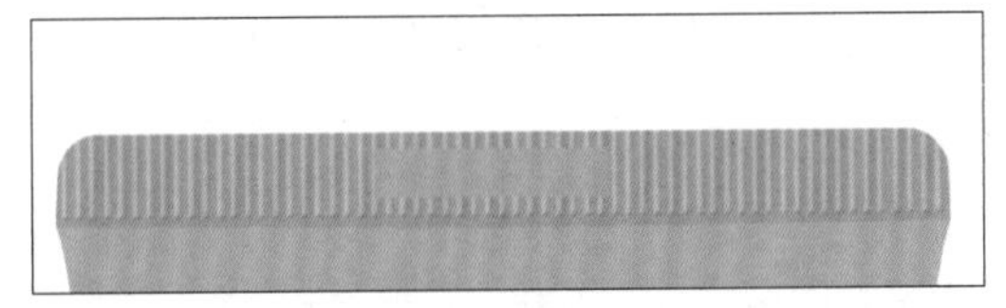

图 1.2.23　绘制块面

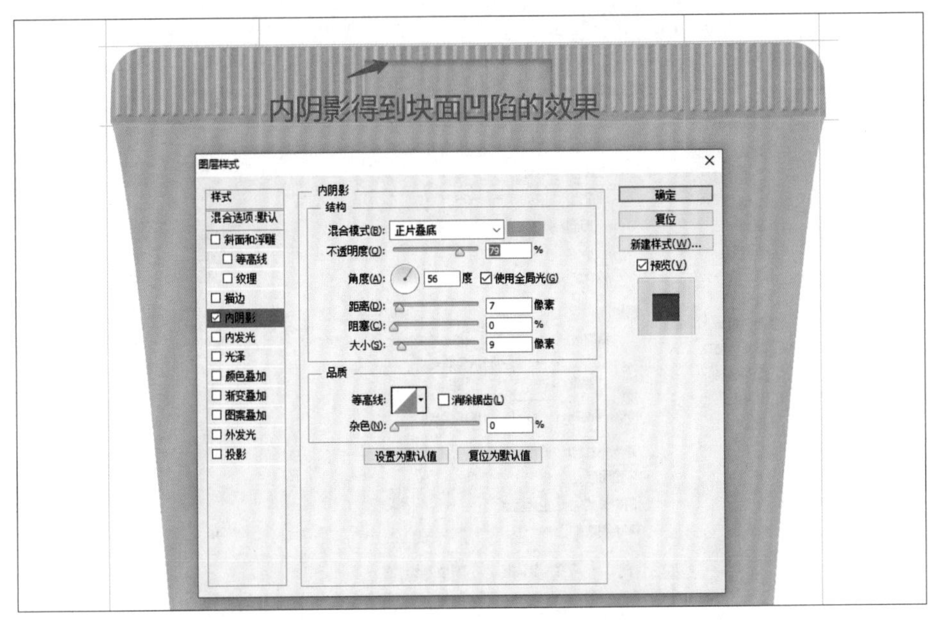

图 1.2.24　内阴影效果

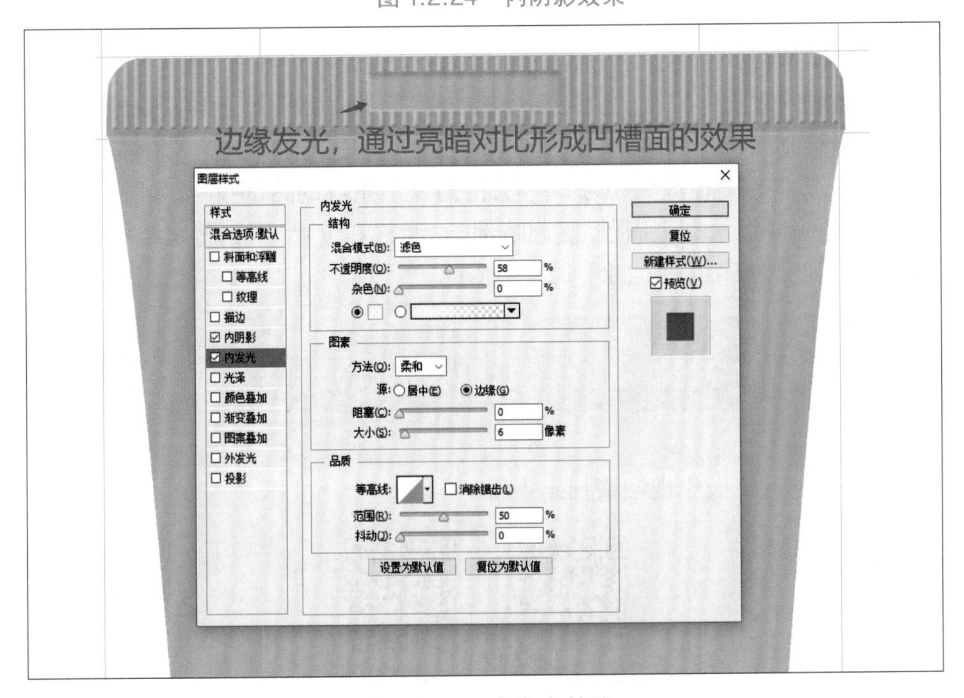

图 1.2.25　内发光效果

(4) 立体文字的绘制。选择“文本工具”，输入“20210609”数字，字体可以选择“微软雅黑”，适当调整其大小。按上述使用图层样式的方法，选择“斜面和浮雕”图层样式，参数设置如图 1.2.26 所示。

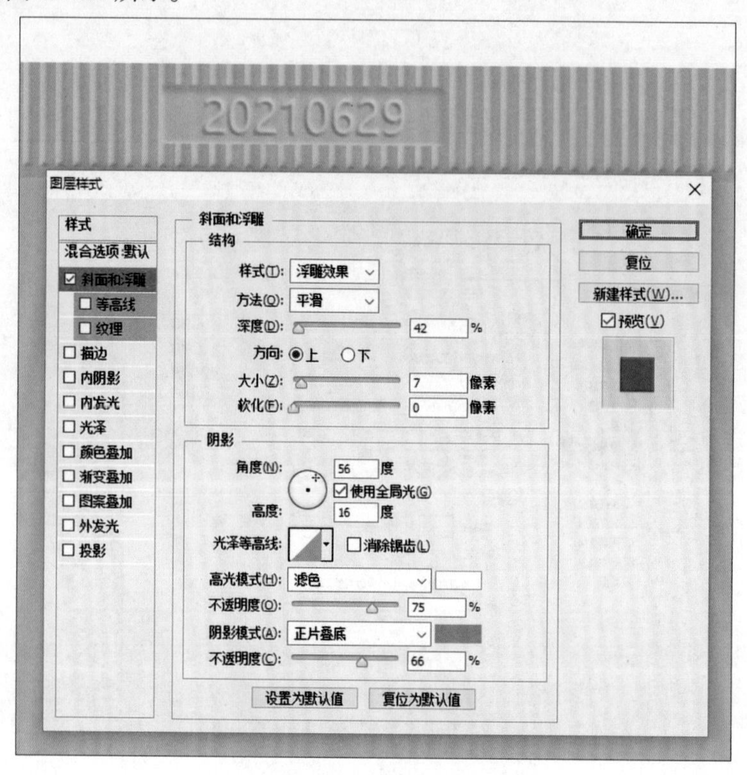

图 1.2.26 立体文字的绘制

(5) 瓶尾结构线的绘制。细小结构线往往没有非常明显的三大面五大调，通常只是通过亮面和暗部的对比形成视觉上的立体感。在“直形条纹”图层下方新建空白图层，通过矩形选框绘制细长矩形条，填充为比瓶尾颜色更暗的颜色，执行“滤镜”→“模糊”→“高斯模糊”命令，调整半径值大小为 1 左右，得到直形条纹的暗部投影，如图 1.2.27 所示。参考同样的方法，继续绘制亮面条，复制暗部条，调整其位置，得到瓶尾结构线的效果，由暗部、亮面、暗部顺序组成，如图 1.2.28 所示。

图 1.2.27 暗部

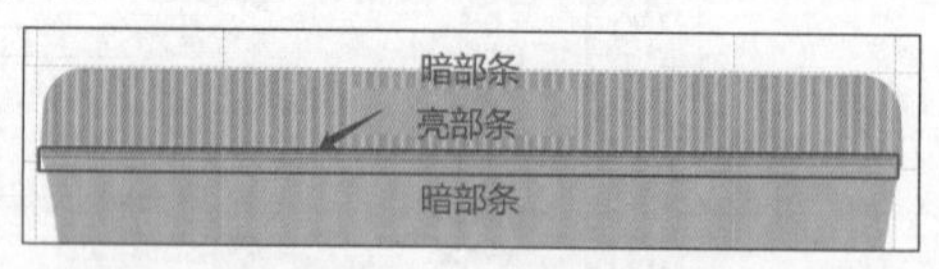

图 1.2.28 结构线效果

■ 更多步骤与完整操作视频请扫码查看。

洁面乳精修
更多步骤

洁面乳精修
操作视频

能力迁移

任务描述：根据以上实训任务进行总结，结合所学内容，填写任务总结分析表，完成洁面乳商品图的精修。

任务清单3 任务总结分析表

<table>
<tr><th colspan="3">任务清单</th></tr>
<tr><td>任务内容</td><td colspan="2">完成洁面乳商品实拍图精修。</td></tr>
<tr><td>商品实拍图</td><td colspan="2"></td></tr>
<tr><td>要求</td><td colspan="2">请根据所学内容，分析该商品实拍图中光滑硬塑料材质部分存在的问题，并撰写拟使用的解决方法。</td></tr>
<tr><td rowspan="6">任务分析</td><td>精修内容</td><td>解决方法</td></tr>
<tr><td>例如：在实操案例中，商品主要从绘制结构、对称光光影绘制、色感调整等方面进行精修。</td><td>例如：光影绘制是利用“钢笔工具”绘制形状，通过调整羽化值控制光源过渡自然来解决问题；应用图层样式处理凹槽面体积感等。</td></tr>
<tr><td></td><td></td></tr>
<tr><td></td><td></td></tr>
<tr><td></td><td></td></tr>
<tr><td></td><td></td></tr>
</table>

课后练习

1. 单选题

(1) 对称光塑料材质的光影特点描述中以下哪个是正确的?(　　)

A. 左右两侧的亮部效果是对称的

B. 布光时即使没有灯放在商品的后方,也会在商品的左右边缘形成两道反光

C. 当光投射在亚光塑料材质商品上时其反射效果比其他类型的塑料商品要强烈得多

D. 亚光塑料材质的边缘区域会形成硬朗的光

(2) 常见的对称光的光影呈现中含有什么面?(　　)

A. 亮面　　B. 暗面　　C. 反光面　　D. 以上都对

(3) 凹槽面的光影处理中以下描述哪个是正确的?(　　)

A. 凹槽面一般受光均匀,体积感强

B. 凹槽面适合用大面积铺光的方式处理边缘光影

C. 图层样式工具常用于凹槽面的光影处理

D. 以上都对

(4) 关于羽化与高斯模糊工具的使用对比,哪个描述是正确的?(　　)

A. 高斯模糊适用于形状图层

B. 羽化适用于栅格化图层

C. 高斯模糊是由边缘向中间慢慢渐变式地增加透明度,羽化是整体地将物体模糊,只是边缘附近由于模糊功能的涂抹而造成透明度降低

D. 以上都不对

(5) 以下关于图层混合模式的描述,哪个描述是正确的?(　　)

A. 柔光模式是效果居中,偏色偏向中间调的一种混合模式

B. 正片叠底是效果偏暗,且偏色更偏向于高光的混合模式

C. 滤色模式是效果偏亮,且偏色更偏向于暗部的混合模式

D. 以上都对

2. 判断题

(1) 任务物体都是由基本形组成的。(　　)

(2) 钢笔工具绘制形状后,可以直接使用高斯模糊命令进行模糊处理。(　　)

(3) 在图层样式中的投影指在图层内容的边缘内侧添加阴影,提高立体感。(　　)

(4) 在图层样式中的内阴影指紧靠在图层内容的边缘内侧添加阴影,使图层具有凹陷外观。(　　)

(5) 羽化值设置得越大，图形模糊效果就越明显，反之亦然。　　　　　(　　)

3. 填空题

(1) 如果商品表面________、________，可以采用重新绘制结构的方法来绘制商品结构。

(2) 任务物体都是由基本形构成的，生活中许多结构复杂的物体都可以看成是由多个基本形构成的,基本形包含________、________、________、________、________等。

(3) 对称光一般是由 3 盏灯组成，将两盏同样的灯分别置于商品的左右两侧，便会在商品的两侧形成________。同时，将另外一盏灯放在商品的后方，则会在商品的左右边缘形成________。

(4) 不规则的光影绘制，通常会使用________绘制路径或形状。

(5) 图层样式是指 Photoshop 中的一项图层处理功能，能够简单快捷地制作出各种________、________、________的图像特效。

任务 3　金属材质商品图片精修

学习目标

知识目标

- 了解金属材质成像特性；
- 理解缝隙结构的含义；
- 理解磨砂金属材质的特点。

能力目标

- 掌握强化金属材质质感的方法。
- 能够描绘强化商品缝隙结构的细节光影，提升商品的立体感。
- 能够强化磨砂金属材质商品的质感。

素质目标

- 培养学生不怕试错，敢于探索的精神；
- 培养学生举一反三的能力。

任务清单 1　任务分析表

<table>
<tr><th>项目名称</th><th colspan="2">任务清单内容</th></tr>
<tr><td>任务情景</td><td colspan="2">本期客户提供了一张用手机拍摄的不锈钢保温杯图，针对拍摄图提出了以下修图要求：
①呈现金属不锈钢的光影特点；
②商品只有俯拍图，需要矫正为平视图；
③商品干净、简洁，体现高端的特性；
④去底处理。
保温杯实拍图</td></tr>
<tr><td>任务目标</td><td colspan="2">完成金属材质不锈钢保温杯图的精修。</td></tr>
<tr><td rowspan="6">任务分析</td><td>问题</td><td>分析</td></tr>
<tr><td>商品拍摄图俯拍图如何转换成平视图？</td><td></td></tr>
<tr><td>对比基础布光的方法，该商品拍摄图呈现的整体光感表现是否符合商品材质的特性？</td><td></td></tr>
<tr><td>对比商品实物，商品拍摄颜色是否真实还原？</td><td></td></tr>
<tr><td>瓶体由哪些结构构成，商品拍摄图是否有显示结构的特点？</td><td></td></tr>
<tr><td>通过网络搜索相关材质商品图，如何体现商品高端的特性？</td><td></td></tr>
</table>

学习活动1　金属材质的光影处理

1. 金属材质成像特性

金属材质的商品由于金属对光反射强烈，金属面反射光比较硬，故表面的明暗反差大，重色到浅色过渡距离小，是一种高反差、强对比的光影效果。如图1.3.1所示的商品金属材质部分的反光情况，由图可以看出光的反射强烈，重色到浅色的过渡明显，明部与暗部的反差大，光硬而实，类似于镜面。特别是不锈钢制品、铝制品和银制品的表面比较光滑，光线非常明亮，容易反射光线，并容易在商品上映射周围的物品，使得表面光影效果复杂。

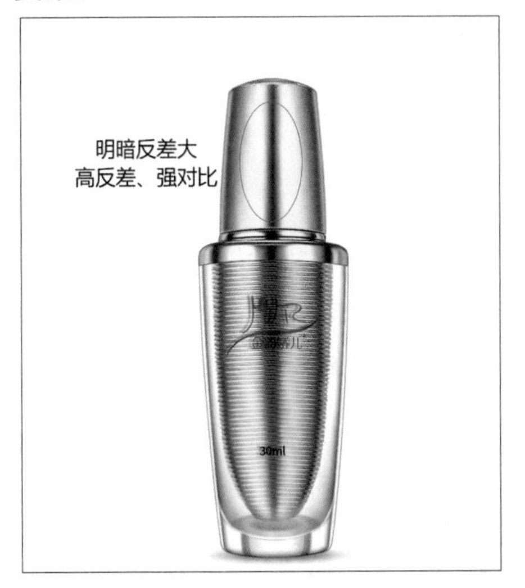

图1.3.1　金属材质商品图

图1.3.2　商品实拍图

2. 渐变工具实现商品金属材质质感

如图1.3.2所示，是该商品的实拍图，从图中我们可以看出，金属部分颜色过度对比不够强烈，金属质感不强，可以利用Photoshop中的“渐变工具”进行调整。

(1) 渐变工具的介绍。

在填充颜色时，“渐变工具”可以实现一种颜色变化为另一种颜色，或进行由浅到深、由深到浅地变化。“渐变工具”可以创建多种颜色间的逐渐混合，也可以从预设渐变填充中选取或创建自己的渐变。

在工具箱中选择“渐变工具”，如图1.3.3所示。单击弹出“渐变编辑器”对话框，如图1.3.4所示。

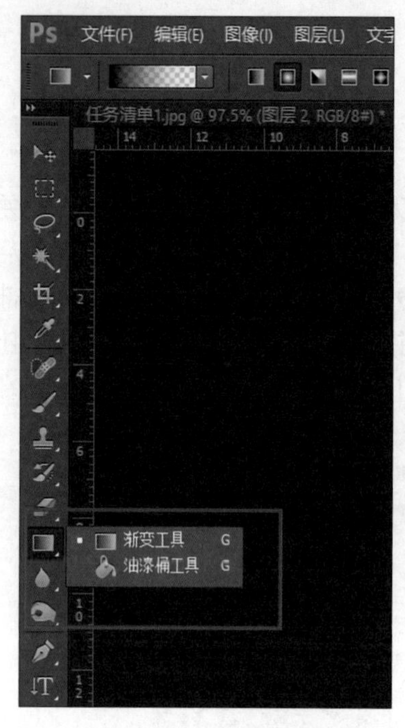

图 1.3.3　渐变工具

图 1.3.4　"渐变编辑器"对话框

在图 1.3.5 中，可选择箭头所示色标，再选择需要的颜色。

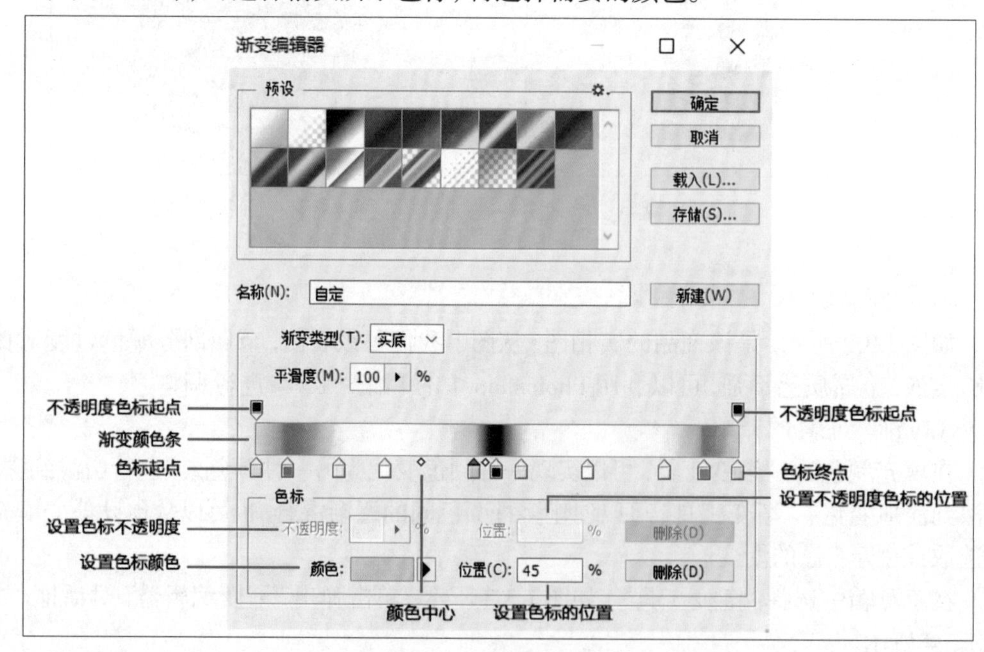

图 1.3.5　渐变编辑器介绍

（2）利用“渐变工具”调整商品金属材质质感。

①使用“钢笔工具”抠出如图 1.3.6 所示区域。

图 1.3.6　“钢笔工具”抠图

图 1.3.7　钢笔路径转化为选区

②按快捷键“Ctrl+Enter”，将路径转化为选区，如图 1.3.7 所示。

③选择“渐变工具”，单击弹出“渐变编辑器”对话框，在对话框中调整出如图 1.3.8 所示的渐变效果。

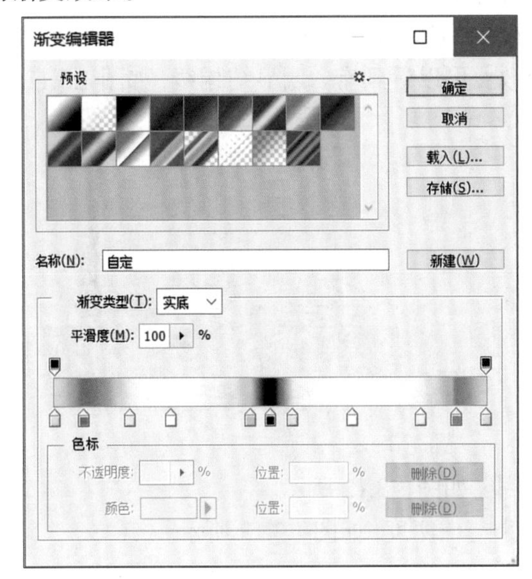

图 1.3.8　金属面渐变效果图

金属材质光影的光影处理

图 1.3.9　金属渐变效果

（3）新建图层，按住“Shift”键，在选区内从左到右拉出如图 1.3.9 所示的渐变效果。

学习活动 2　结构光处理

1. 结构光在商品上的体现

瓶体类商品大部分都会有盖子、瓶身等上下结合的结构，而在分开的两个结构之间就会存在缝隙，这些缝隙非常细小，难以体现“三大面五大调”的光影关系，但是存在亮部和暗部。增加缝隙的光，通常在商品精修时起到画龙点睛的作用。如图 1.3.10 所示红色框中的位置为细小结构光的体现。

图 1.3.10　结构光

2. 结构光的一般绘制方法

如果是细小的结构光的绘制，通常使用“钢笔工具”绘制路径，并根据结构光的需要对光的粗细、虚实进行参数调整和设置，从而实现结构光的绘制。

①通过观察金属盖子与瓶身交界处，可以看到有一明显结构线，如图 1.3.11 所示。

图 1.3.11　实拍图的结构线

图 1.3.12　“钢笔工具”描绘结构线

②使用“钢笔工具”，描绘该结构线，如图 1.3.12 所示。

③选择“画笔工具”，调整画笔大小与虚实度，如图 1.3.13 所示。

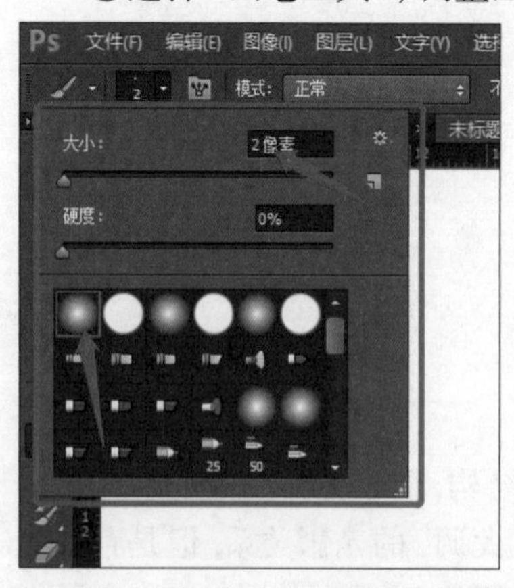

图 1.3.13　设置画笔大小与硬度

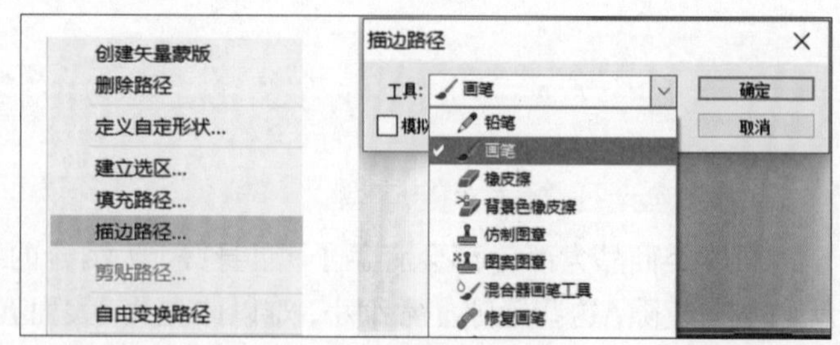

图 1.3.14　描边路径

④新建图层，选择“钢笔工具”，单击右键，选择“描边路径”，选择“画笔”描边，如图 1.3.14 所示。

⑤对该结构线进行高斯模糊处理，营造金属面与瓶身的过渡效果，参数参考图 1.3.15，效果如图 1.3.16 所示。

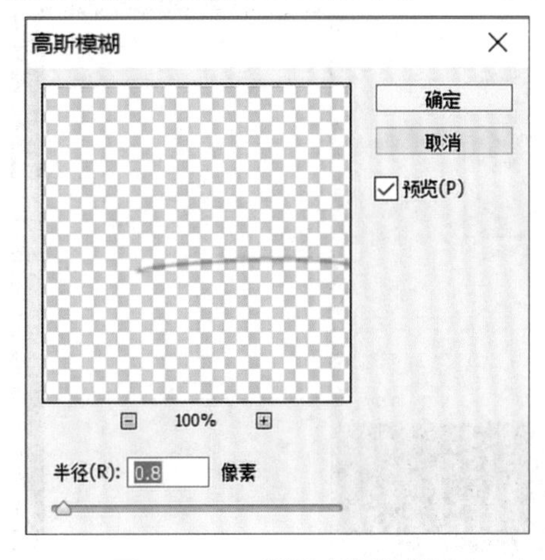

图 1.3.15　设置高斯模糊

图 1.3.16　结构线效果

学习活动 3　增加材质杂色的处理

金属材质的商品，不全都是光滑镜面状，金属也会呈现磨砂、拉丝等效果。金属商品图在精修过程中，如果存在：①重新绘制商品结构；②在瑕疵处理过程中损失了金属的纹理；③需加强纹理的表现等几种情形，通常会使用“滤镜”→“杂色”滤镜工具为金属增加杂色，增强金属纹理。

（1）如图 1.3.17 所示，该商品是具有磨砂效果的铝合金材质，在进行图片处理的时候需要呈现商品磨砂效果。

（2）在 Photoshop 中打开“项目 1 任务 3/ 学习活动 3”文件夹中的图 1.3.17.psd 文件，新建图层，并填充为浅灰色后创建剪贴蒙版，如图 1.3.18 所示。

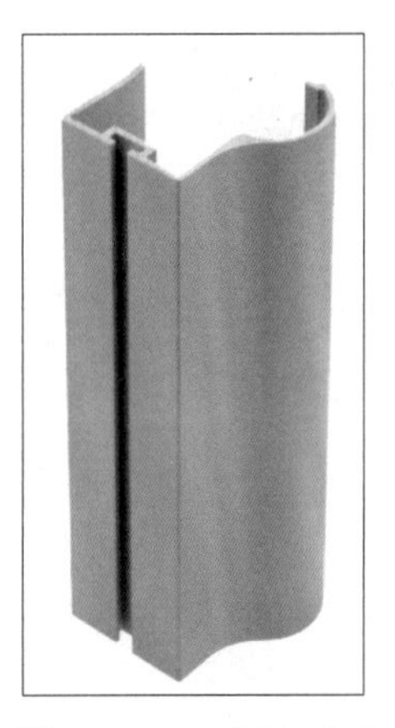
图 1.3.17　商品原图

图 1.3.18　填充后效果

（3）选择“滤镜”→“杂色”→“添加杂色”，如图 1.3.19 所示。

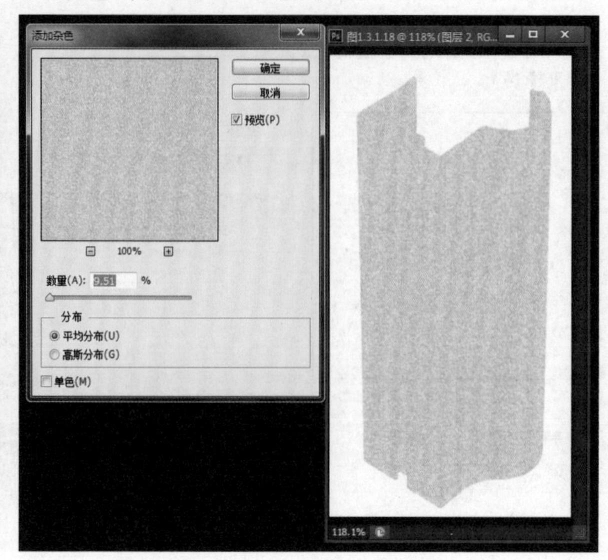

图 1.3.19　添加杂色　　　　图 1.3.20　设置杂色参数

（4）根据商品本身的磨砂效果，调整磨砂的数量，如图 1.3.20 所示。

（5）将该图层模式调整为“正片叠底”，如图 1.3.21 所示。

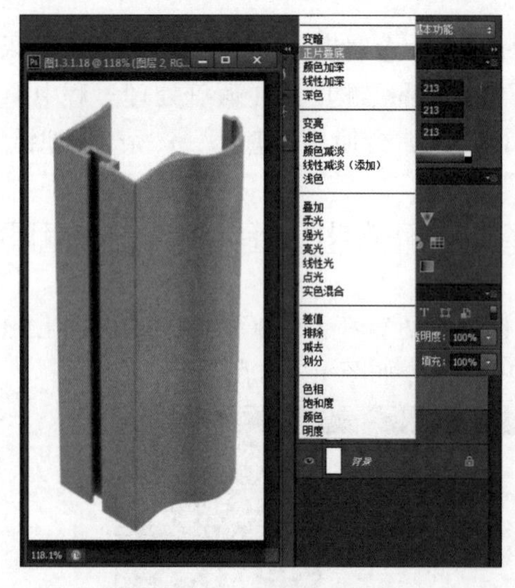

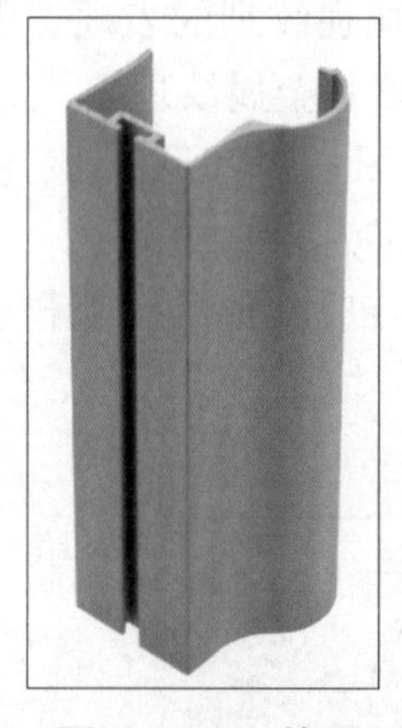

图 1.3.21　调整图层模式　　　　图 1.3.22　效果

（6）适当地调整透明度，最终效果如图 1.3.22 所示。

职业技能

职业技能是指人们在从事职业时所需具备的知识和技能，是对个人胜任工作岗位的专业水准的衡量。

在职业技能中，有两项技能是中职学生在进入岗位前要着重培养的。

①技术技能。包括最基本的技能——阅读、写作和数学计算能力，与特定职务相关

的能力等。在修图师的岗位上，要求要有较好的阅读能力，能够理解客户对商品图片精修的要求，结合商品的实际样貌，利用自身所掌握的操作技能，实现商品图片的美化。

②解决问题的技能。当我们在实际的岗位上完成工作任务的时候，往往会发现工作中需要解决的问题是多变的，特别是那些非常规的、富于变化的工作更是如此。这对个人解决问题的能力提出了要求，如果个人解决问题的技能不尽如人意，就很难胜任需要创意的工作，而修图师恰恰是需要从业人员能够发挥想象力，灵活运用技能，富有探索精神，敢于不断试错，从而解决问题。在本课程的学习过程中，学生要通过不断地尝试与对比，能够发挥课堂所学，提升自身独立解决问题的能力。

职业技能是立身职场的根本，不具备满足工作需要的职业化技能，职业发展也会举步维艰。

任务清单2　任务实施表

<table>
<tr><td rowspan="5">任务实施</td><td colspan="2">任务内容</td><td>操作目标</td><td>方法</td><td colspan="2">操作效果</td></tr>
<tr><td colspan="2" rowspan="4">完成以下商品实拍图的精修。</td><td>例：商品实拍图褪底。</td><td>使用“钢笔工具”抠图。</td><td colspan="2"></td></tr>
<tr><td></td><td></td><td colspan="2"></td></tr>
<tr><td></td><td></td><td colspan="2"></td></tr>
<tr><td></td><td></td><td colspan="2"></td></tr>
<tr><td>任务总结</td><td colspan="6">通过任务的实施，请勾选你认为已经掌握的知识或技能目标：
（　　）已理解金属类商品的光影特点；
（　　）掌握了“渐变工具”的设置；
（　　）能够使用“渐变工具”实现金属的光感效果；
（　　）掌握“钢笔工具”制作结构光的方法；
（　　）能够为使用添加杂色的方法增强商品图片的质感。</td></tr>
<tr><td rowspan="11">任务点评</td><td>序号</td><td>处理操作</td><td>完成情况</td><td colspan="2">标准分</td><td>评分</td></tr>
<tr><td>1</td><td>商品图矫正塑形。</td><td></td><td colspan="2">10</td><td></td></tr>
<tr><td>2</td><td>商品图褪底，白底图。</td><td></td><td colspan="2">15</td><td></td></tr>
<tr><td>3</td><td>商品图光影表现符合商品特性。</td><td></td><td colspan="2">25</td><td></td></tr>
<tr><td>4</td><td>凸显瓶盖瓶身结构。</td><td></td><td colspan="2">20</td><td></td></tr>
<tr><td>5</td><td>还原商品颜色。</td><td></td><td colspan="2">10</td><td></td></tr>
<tr><td>6</td><td>工单填写。</td><td></td><td colspan="2">5</td><td></td></tr>
<tr><td>7</td><td>团队合作、沟通表达。</td><td></td><td colspan="2">5</td><td></td></tr>
<tr><td>8</td><td>美工素养（严谨、诚信、耐心、精益求精）。</td><td></td><td colspan="2">10</td><td></td></tr>
<tr><td>9</td><td colspan="4">合计</td><td></td></tr>
<tr><td>10</td><td>教师评语</td><td colspan="4"></td></tr>
</table>

实操锦囊

1. 分析图片

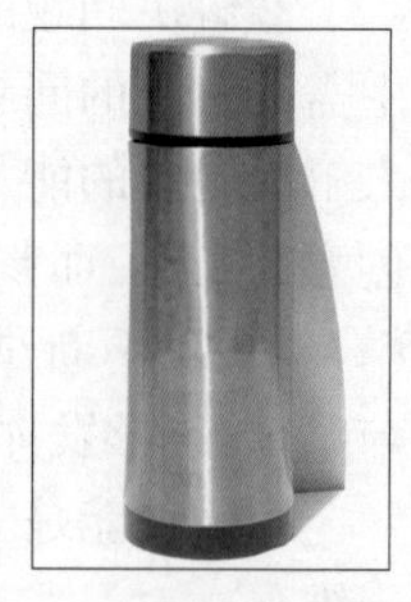
图 1.3.23　保温杯实拍图

保温杯(见图 1.3.23)为不锈钢亮面材质,在周围环境的影响下,商品实拍图反映出了以下几个问题:

(1)由于拍摄角度问题,保温杯形状结构需重绘;

(2)杯子对周围光线的反射,在其表面形成了明暗不同的区域;

(3)杯子前方及侧方的物体在其上形成了倒影;

(4)杯子本身有污渍,拍摄前没有擦拭干净。

2. 瓶子结构的绘制

以保温杯实拍图为基础,利用"钢笔工具"将保温杯的外部轮廓抠出,填充深灰色形成杯子轮廓。

(1)在 Photoshop 中打开"项目 1/ 任务 3"保温杯实拍原图文件,拓展图片大小,在其右边留下白色区域,绘制后的轮廓摆放此处,方便操作时进行对比。

如图 1.3.24 所示,拓展原图片画布大小。

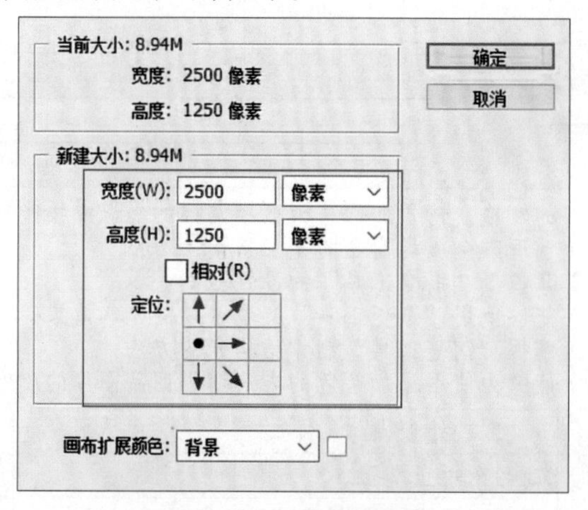

图 1.3.24　拓展画布

(2)使用"钢笔工具",选择形状功能,使用灰色填充,抠出保温杯的轮廓。

因拍摄时角度不好,保温杯的轮廓是不够端正的,故借助参考线,并使用"钢笔工具"及其"形状"功能,将保温杯杯轮廓抠出一半,如图 1.3.25 所示。再复制此图层,水平翻转后绘出保温杯轮廓,将形状图层移动到白色区域,格栅化后合并,如图 1.3.26、图 1.3.27 所示。

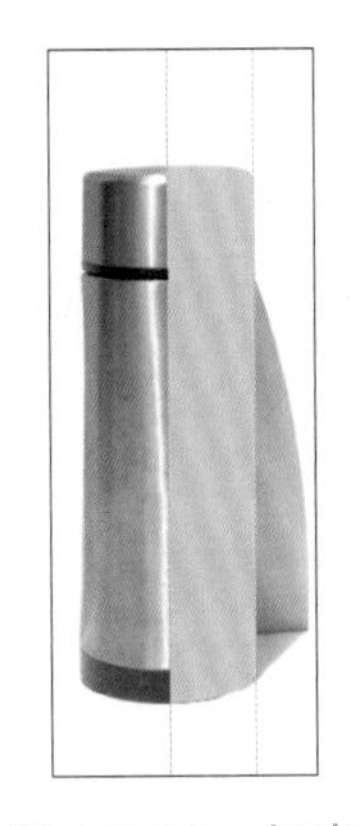

图 1.3.25　抠出一半轮廓

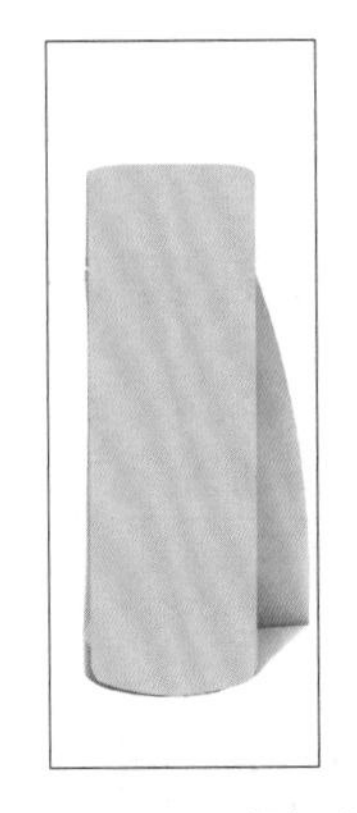

图 1.3.26　保温杯轮廓

图 1.3.27　移动保温杯轮廓

图 1.3.28　黑色塑料圈效果

（3）通过新建图层，填充为黑色与灰色，形成杯盖上的黑色塑料圈与杯底部分。

①制作黑色塑料圈。

将杯子上的黑色塑料圈抠出置于形状图层上，使用“变形工具”调整其大小，创建剪贴蒙版，形成杯盖上的黑色塑料圈。

②制作瓶底：按住“Ctrl”键，点击瓶身所在图层，载入瓶身选区。按快捷键“Ctrl+Shift+I”反选选区，移动选区，如图 1.3.29 所示。填充为灰色，创立剪贴蒙版，移动该图层，制作保温杯底部。

图 1.3.29　移动选区

图 1.3.30　建立图层

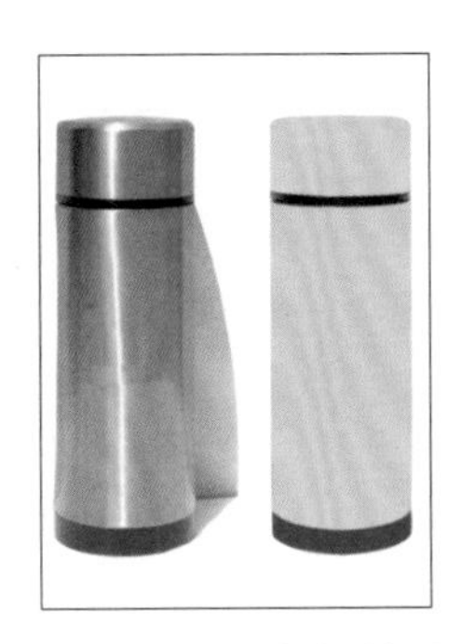

图 1.3.31　底部效果

■ 更多步骤与完整操作视频请扫码查看。

能力迁移

任务描述：根据以上实训任务进行总结，结合所学内容，填写任务实施分析表，完成口红实拍图中金属材质部分的精修。

任务清单 3　能力迁移任务实施分析表

任务清单		
任务内容	完成部分金属材质口红实拍图精修。	
商品实拍图		
要求	请根据所学内容，分析该商品实拍图中金属材质部分存在的问题，并撰写拟使用的解决方法后，完成该商品金属部分的精修。	
	精修内容	解决方法
任务分析	例如：增强高光	例如：填充为白色→高斯模糊

课后练习

1. 单选题

(1) 金属材质的成像特性有哪些？( )

A. 反差大　　B. 光较硬

C. 明暗过渡效果不明显　　D. 不容易映射周围物品

(2) Photoshop 中“渐变工具”能做以下哪些方面的调整？( )

A. 透明度　　B. 颜色　　C. 位置　　D. 增加色标

(3) 使用“渐变工具”时想要水平渐变效果可以结合以下哪个键使用？( )

A. Alt　　B. Ctrl　　C. Shift　　D. Enter

(4) 金属商品成像后光的反射强烈，以下哪个说法是正确的？( )

A. 重色到浅色的过渡明　　B. 明部与暗部的反差小

C. 光硬而软　　D. 不容易反射光线

(5) 如果金属部分颜色过渡对比不够强烈，金属质感不强，可以利用 Photoshop 中的哪个工具进行调整？( )

A. 钢笔工具　　B. 形状工具　　C. 选框工具　　D. 渐变工具

2. 填空题

(1) 使用“钢笔工具”的时候，有__________、__________、__________三种模式。

(2) 金属材质中反光较为强烈的有__________、__________、__________。

(3) 金属材质的商品由于金属对光__________，金属面反射光比较硬，从而表面的明暗__________，重色到浅色过渡距离小，是一种高反差、强对比的光影效果。

(4) “渐变工具”可以将颜色变化从一种颜色到另一种颜色的变化，或由________、由___________的变化。

(5) 金属材质的商品，不全都是光滑镜面状，金属也会呈现__________等的效果。

3. 判断题

(1) 不锈钢制品、铝制品和银制品的表面比较光滑，光线非常明亮，容易反射光线。( )

(2) 渐变编辑器不能够实现多种颜色的渐变。( )

(3) 如果需加强金属纹理的表现，通常会使用“滤镜”→“杂色”滤镜工具为金属增加杂色，增强金属纹理。( )

(4) 在绘制结构光时，需要对光的粗细、虚实进行参数调整和设置，从而实现结构光的绘制。( )

(5)使用“钢笔工具”中的画笔描边功能时，需要先对画笔的大小与软硬度进行调整。( )

任务 4 亮面金属材质商品图片精修

学习目标

知识目标

- 清楚高反光类金属材质商品的材质特征与成像特点；
- 掌握不锈钢金属材质纹理特点；
- 理解“减淡”工具与“动感模糊”命令的原理。

能力目标

- 能够使用 Photoshop 工具实现高反光类金属类商品光感的处理；
- 能够使用“动感模糊”命令结合其他 Photoshop 工具制作不锈钢金属材质拉丝的纹理；
- 能够使用“减淡工具”绘制出亮面金属商品表面高反光的效果。

素质目标

- 具有举一反三的学习迁移能力；
- 加强学生对企业的管理意识；
- 培养学生细心、耐心、精益求精的匠心精神；
- 培养学生对中国传统工艺与文化的传承精神。

任务清单 1 任务分析表

项目名称	任务清单内容	
任务情景	云商拍摄文化有限公司是一家从事电子商务服务的公司，主要为客户提供商品静物拍摄并对拍摄图进行后期精修处理。本期客户提供了一张水果刀实拍图，针对不锈钢刀身部分提出了以下修图要求： ①刀身生锈，有明显刮痕，需修整； ②体现刀身的厚实感； ③体现刀的锋利感； ④体现不锈钢的光感。	水果刀实拍图
任务目标	完成不锈钢刀身部分图的精修。	
任务分析	问题	分析
	如何去除刀身的锈迹？	
	仔细观察刀身部分的结构，如何展现刀背的厚度？	
	怎样体现刀锋的锋利感？	
	运用什么处理方法或工具可以实现刀身的高反光特点？	
	运用什么处理方法或工具可以绘制不锈钢材质表面拉丝的纹理？	

学习活动1　亮面金属材质的特点

1. 亮面金属材质高反光特点

金属材料是指具有光泽、延展性、容易导电、传热等性质的材料。由于金属材质的商品的原材料金属经过工业化加工处理，金属表面的纹理各有不同，但金属材质商品都具有金属光泽（即对可见光强烈反射）的特性。

亮面金属材质商品在反光类商品中对光的反射最为强烈，具有高反光的特点，即明暗对比大，光源模糊程度小，明暗过渡明显，会出现多处反光与高光。高光除了出现在结构转折处，还会因金属高反光的特点出现在反光中，如图1.4.1所示。因此，在处理亮面金属材质商品图片时要注意结合光影的特点突出材质的特征。

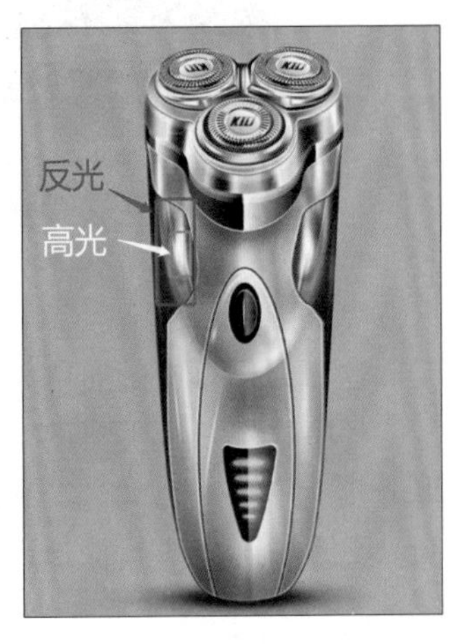

图1.4.1　亮面金属商品

2. 如何绘制亮面金属材质高反光

我们已学习过如何绘制金属结构光影，本任务中除了可以运用之前任务学习过的工具与方法外，还可以运用“减淡工具”来加强亮面金属材质高反光的特点。

3.“减淡工具”的使用

“减淡工具” （快捷键“0”），是一个用于提亮的工具，可以把图片中需要变亮或增强质感的部分颜色提亮。选择工具箱中的“减淡工具”，在属性栏中单击“范围”后倒三角按钮可以选择需要减淡处理的范围，有“阴影”“中间调”“高光”三个选项，如图1.4.2所示。属性栏中的“曝光度”数值越大，减淡的程度则越大。若勾选属性栏的“保护色调”可以保护图像的色调不受影响。

“减淡工具”的三个范围选项就相当于画面中的黑白灰关系。所谓“黑白灰关系”就是指画面的暗部、亮部以及中间调的关系。画面的黑白灰不是独立的，都是相对。

以图1.4.3中的商品为例，“减淡工具”范围中的“阴影”对应的是“黑白灰关系”中的“黑”，即商品的暗部，如图1.4.4所示；“中间调”对应的是“灰”，即商品的中间调，如图1.4.5所示；“高光”对应的是“白”，即商品的亮部，如图1.4.6所示。

在使用“减淡工具”对画面进行减淡时，需要判断想减淡的部分是属于黑白灰关系中的哪一部分，选择对应的范围才能有效进行减淡。

图1.4.2　范围

原图

黑白图

图1.4.3　原图与去色黑白图

图 1.4.4　阴影范围

图 1.4.5　中间调范围

图 1.4.6　高光范围

这里以图例中的商品为案例来讲解“减淡工具”的具体实操步骤。

(1) 选择工具箱中的“减淡工具”(快捷键“0”)，在属性栏设置范围为“中间调”，曝光度为“50%”，勾选“保护色调”，调整合适的笔尖样式与大小，如图 1.4.7 所示。在商品中间的部分进行涂抹，如图 1.4.8 所示。

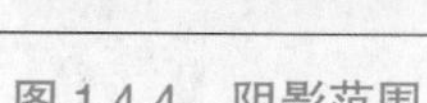

图 1.4.7　“减淡工具”属性栏

图 1.4.8　涂抹中间调部分

(2) 将属性栏中的范围改为“高光”，曝光度改为“10%”，在商品高光的部分进行涂抹，如图 1.4.9 所示。使得商品颜色较为明亮，高光更加强烈，整体更加通透，案例处理前后对比效果如图 1.4.10 所示。

图 1.4.9　涂抹高光部分

图 1.4.10　原图与减淡处理效果图

“减淡工具”的使用

学习活动 2　金属材质表面拉丝的纹理特点

1. 金属表面拉丝的纹理特点

金属表面拉丝是反复用砂纸将铝板刮出线条的制造过程。在拉丝过程中，经过特殊的皮膜技术，可以使金属表面生成一种含有该金属成分的皮膜层，清晰地显现每一根细微丝痕，从而使金属哑光中泛出细密的发丝光泽，常见的商品有不锈钢刀具，如图 1.4.11 所示。

图 1.4.11　不锈钢刀具

2. 如何绘制金属拉丝的纹理效果

在前面的任务中我们已学习如何绘制磨砂质感的金属效果，与本任务中的绘制方法很相似，通过“滤镜”→“杂色”→“添加杂色”的步骤后，运用“动感模糊”来达到金属拉丝的纹理效果。

（1）“动感模糊”的使用

“动感模糊”可以模拟出高速跟拍而产生的带有运动方向的模糊效果。以图 1.4.12 为例，在菜单栏执行“滤镜”→“模糊”→“动感模糊”命令，在弹出的“动感模糊”对话框中进行角度与距离的设置，如图 1.4.13 所示。设置好数值后单击“确定”按钮可获得动感模糊的效果，如图 1.4.14 所示。

图 1.4.12　实拍图

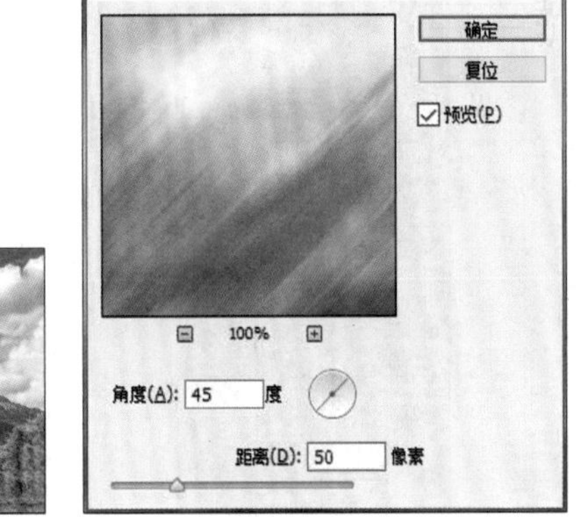

图 1.4.13　动感模糊

图 1.4.14　效果图

角度可用来设置模糊的方向，如图 1.4.15 所示为不同角度的对比效果。距离用来设置像素模糊的程度，如图 1.4.16 所示为不同距离的对比效果。

图 1.4.15　不同角度效果对比

图 1.4.16　不同距离效果对比

（2）绘制金属拉丝的纹理效果具体方法

①以保温杯为案例来介绍绘制金属拉丝的纹理效果的具体实操步骤。如图 1.4.17 所示，在“杯身”图层上方新建一个空白图层，命名为“不锈钢拉丝效果”，如图 1.4.18 所示。按快捷键“Ctrl+A”建立选区，填充为浅灰色（R170; G170; B170），按快捷键“Ctrl+D”取消选区，效果如图 1.4.19 所示。

图 1.4.17　商品素材图

图 1.4.18　新建图层

图 1.4.19　填充效果图

②在菜单栏执行“滤镜”→“杂色”→“添加杂色”命令。如图 1.4.20 所示，在弹出的“添加杂色”对话框中设置数量为“160%”，勾选“单色”，单击“确定”按钮，效果如图 1.4.21 所示。

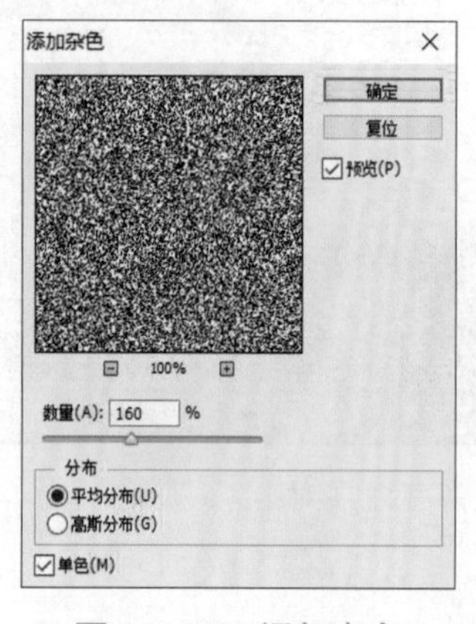

图 1.4.20　添加杂色

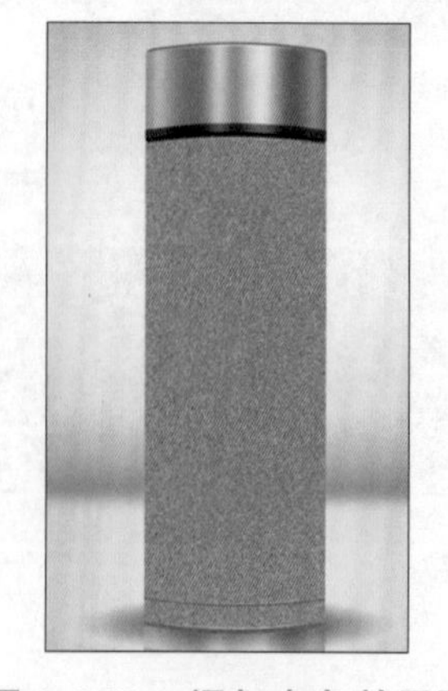

图 1.4.21　添加杂色效果图

③在菜单栏执行“滤镜”→“模糊”→“动感模糊”命令。如图 1.4.22 所示，在弹出的“动感模糊”对话框中设置角度为“90”度，距离为“220”像素，效果如图 1.4.23 所示。

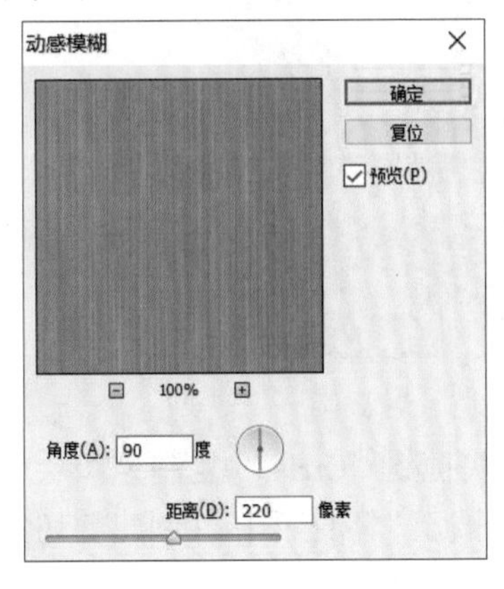

图 1.4.22　动感模糊

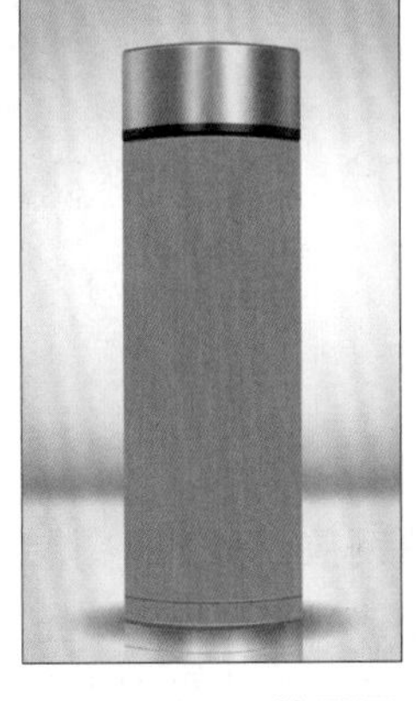

图 1.4.23　效果图

④如图 1.4.24 所示，在图层面板中将图层的混合模式改为“正片叠底”。按快捷键“Ctrl+M”调出“曲线”对话框，如图 1.4.25 所示。根据预览效果，调整曲线提高“不锈钢拉丝效果”图层的亮度，调整完成后单击“确定”按钮，如图 1.4.26 所示，完成杯身部分金属拉丝的效果。

图 1.4.24　图层混合模式

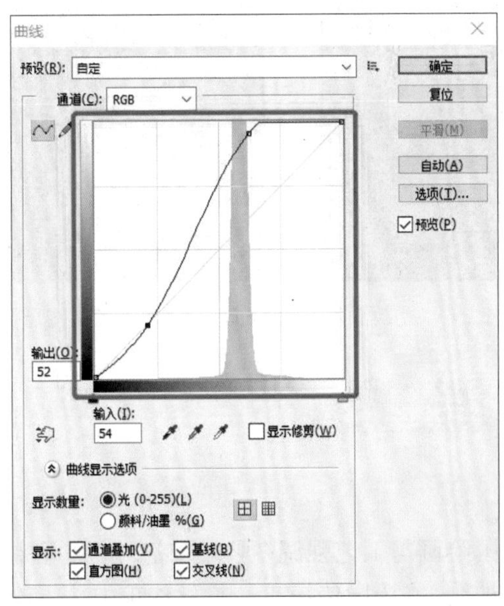

图 1.4.25　曲线

图 1.4.26　效果图

⑤选择“不锈钢拉丝效果”图层，按快捷键“Ctrl+J”复制该图层为“不锈钢拉丝效果副本”图层，按住“Alt”键将图层重新镶嵌至“杯身”图层（创建剪切蒙版），如图 1.4.27 所示。选中“不锈钢拉丝效果副本”图层，移动至“杯盖”图层上方，如图 1.4.28 所示。完成杯盖部分的金属拉丝效果，完成效果如图 1.4.29 所示。

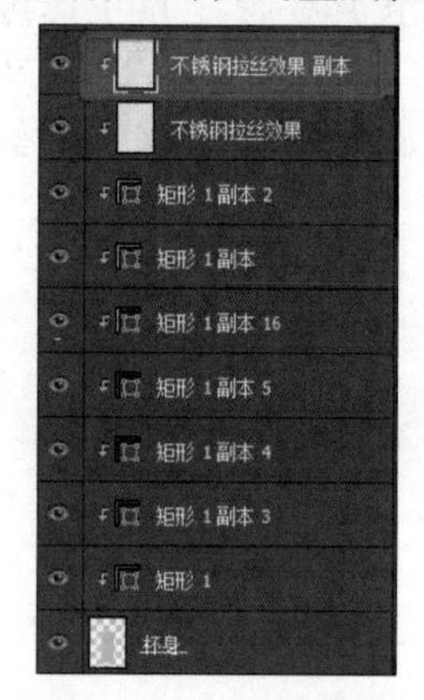

图 1.4.27　复制图层

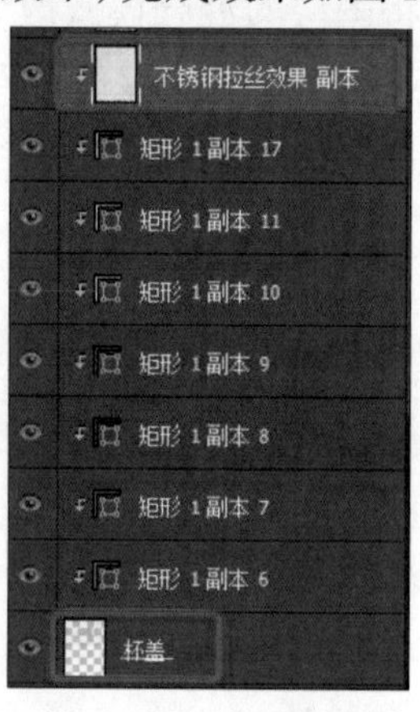

图 1.4.28　移动图层

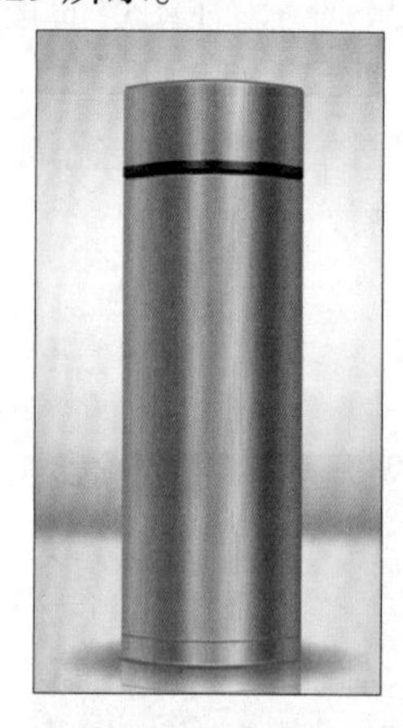

图 1.4.29　最终效果图

金属拉丝纹理制作

传承为本

塑造“形神兼备”的商品

中国绘画与工艺强调“形神兼备，以形写神”，所谓“形”指的是造型、外形；“神”指的是神韵。在中国传统工艺掐丝珐琅中，“掐丝”工艺是使用金属拉丝掐成图案，或焊于器物上，或独立成型。“掐丝”环节需要匠人对丰富多样的图案造型有着深入的理解和总体把握，因为在同一件作品上，有些图案是有规律地重复，这就要求工匠将每一个图案都做得一模一样，规格、造型达到一致。对于人物刻画而言，那就会更加复杂，人物的表情、服装的细节纹理都需要十分流畅柔美，表现其神韵。所以“形”与“神”在这项工艺中起到基石的作用。

而在现代的美工领域，商品修图也特别强调还原商品的“形与神”，即“轮廓造型”与“光影、色调、材质的表现”。在修整金属材质商品图时，除了要准确把握商品形态与结构特征，也要兼顾光影关系、色调与材质的表现，才能让商品图“形神兼备”，富有生命力。

任务清单2　任务实施表

<table>
<tr><td rowspan="5">任务实施</td><td>任务内容</td><td>操作目标</td><td>方法</td><td>操作效果</td></tr>
<tr><td rowspan="4">完成以下商品实拍图的精修。
水果刀实拍图</td><td>例：商品固有色填充。</td><td>使用拾色器吸色填充。</td><td></td></tr>
<tr><td></td><td></td><td></td></tr>
<tr><td></td><td></td><td></td></tr>
<tr><td></td><td></td><td></td></tr>
<tr><td>任务总结</td><td colspan="4">通过任务的实施，请勾选你认为已经掌握的知识或技能目标。
(　　)清楚高反光类金属材质商品的材质特征与成像特点。
(　　)掌握不锈钢金属材质纹理的特点。
(　　)理解“减淡工具”与“动感模糊”命令的原理。
(　　)能够使用 Photoshop 工具实现高反光类金属类商品光感的处理。
(　　)能够使用“动感模糊”命令结合其他 Photoshop 工具制作不锈钢金属材质拉丝的纹理。
(　　)能够使用“减淡工具”绘制出亮面金属商品表面高反光的效果。</td></tr>
</table>

<table>
<tr><td rowspan="11">任务点评</td><td>序号</td><td colspan="2">处理操作</td><td>完成情况</td><td>标准分</td><td>评分</td></tr>
<tr><td>1</td><td colspan="2">商品结构不变形，正确体现体积感。</td><td></td><td>10</td><td></td></tr>
<tr><td>2</td><td colspan="2">商品图光影表现符合商品特性（亮面金属高反光特点）。</td><td></td><td>15</td><td></td></tr>
<tr><td>3</td><td colspan="2">准确表现刀身厚度。</td><td></td><td>25</td><td></td></tr>
<tr><td>4</td><td colspan="2">准确表现刀身不锈钢材质拉丝的纹理特点。</td><td></td><td>20</td><td></td></tr>
<tr><td>5</td><td colspan="2">还原商品颜色。</td><td></td><td>10</td><td></td></tr>
<tr><td>6</td><td colspan="2">工单填写。</td><td></td><td>5</td><td></td></tr>
<tr><td>7</td><td colspan="2">团队合作、沟通表达。</td><td></td><td>5</td><td></td></tr>
<tr><td>8</td><td colspan="2">美工素养（严谨、诚信、耐心、精益求精）。</td><td></td><td>10</td><td></td></tr>
<tr><td>9</td><td colspan="4">合计</td><td></td></tr>
<tr><td>10</td><td>教师评语</td><td colspan="4"></td></tr>
</table>

实操锦囊

1. 分析图片

通过分析不锈钢原图（见图 1.4.30），结合商品精修五大核心要素，明显发现，商品图片有以下几点问题：

（1）刀身形态有破损，外轮廓不完整；

（2）商品图光感不强，整体偏灰暗；

（3）商品表面材质纹理特点不明显；

（4）商品体积感不突出。

图 1.4.30　商品实拍图

2. 不锈钢刀身部分的体积感绘制

（1）如图 1.4.31 所示，选中“刀身”图层，将前景色设为浅灰色（R170；G170；B170），按快捷键“Alt+Shift+Delete”，将“刀身”图层填充设置好的前景色，如图 1.4.32 所示。

图 1.4.31　填充灰色

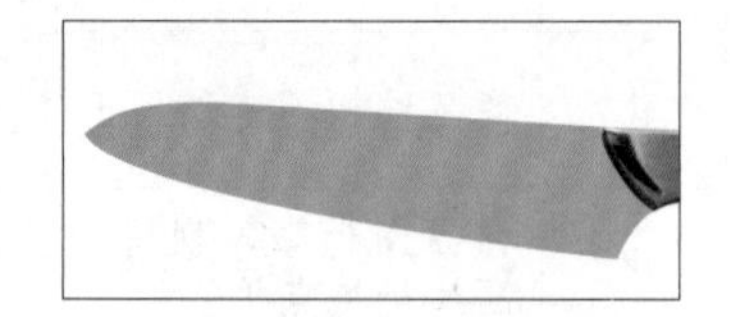

图 1.4.32　效果图

（2）双击“刀身”图层，调出“图层样式”。如图 1.4.33 所示。在弹出的“图层样式”对话框中选择“内阴影”，将不透明度调整为“45%”，角度调整为“75”度，距离为“9”像素，“阻塞”为“20%”，大小为“15”像素，单击“确定”按钮完成刀身刀背的暗部厚度绘制，效果如图 1.4.34 所示。

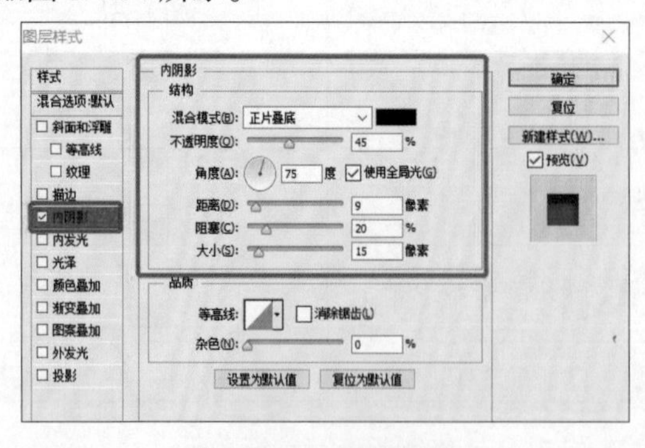

图 1.4.33　图层样式

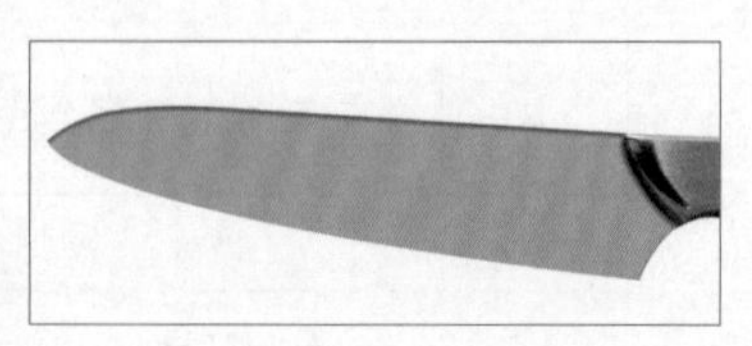

图 1.4.34　效果图

（3）在“刀身”图层上方新建图层，命名为“边缘”。按住“Alt”键，将“边缘”图层嵌入“刀身”图层（创建剪切蒙版），如图 1.4.35 所示。使用“钢笔工具”勾画出刀片的刀锋部分，填充为白色。如图 1.4.36 所示。将边缘图层的不透明度调至“50%”，效果如图 1.4.37 所示。

图 1.4.35 剪切蒙版

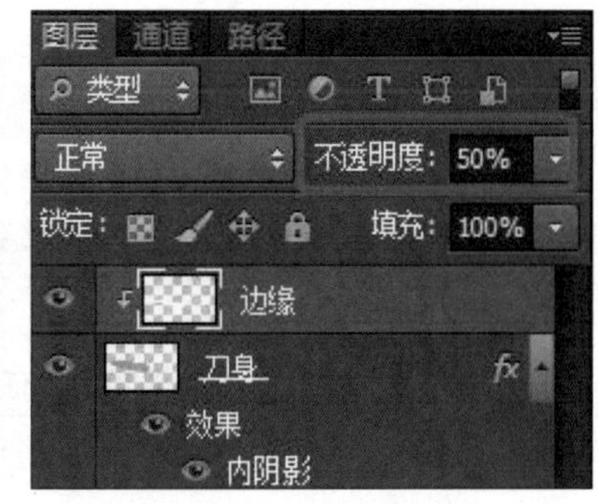

图 1.4.36 不透明度

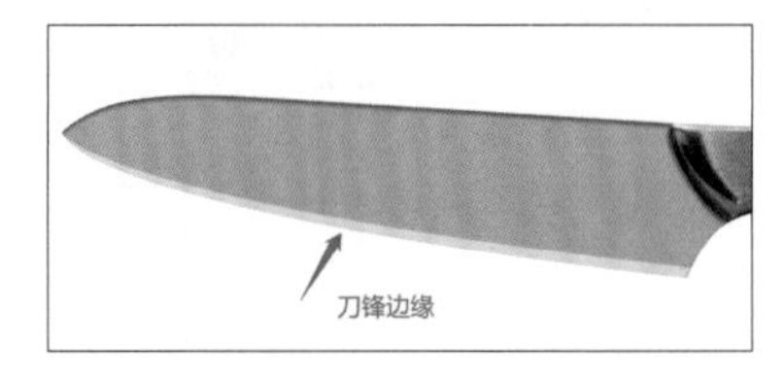

图 1.4.37 效果图

■ 更多步骤与完整操作视频请扫码查看。

不锈钢刀身精修更多步骤

不锈钢刀身精修操作视频

传承为本 

必先利其“器”——中国刀具

关于我国刀具的发展史，可追溯到公元前 20 世纪，已出现黄铜锥和紫铜的钻、刀等铜制刀具，当时人们主要用作捕猎、砍树。商代最早出现金属刀，使用青铜制成，用来砍削器物、宰杀牛羊等。后因长期战乱，冷兵器锻造业得到飞速发展，刀真正投入了战场，在炼钢业发展迅猛，宋代已经出现铁质刀具，包括菜刀与战刀。

中国铸刀技术历史悠久，对世界的影响很深。像日本、朝鲜这样的一些邻边国家，其铸刀技术最初都来自中国。中国的刀具也经历了几千年的历史，即使是简单的一把菜刀也因为科技的进步与人类的需求而不断改革创新。唯一没变的是追求刀具坚韧与锋利。

《论语·卫灵公》中的“工欲善其事，必先利其器”，指的是工匠想要使他的工作做好，一定要先让工具锋利。在本任务中，刀具的修整同样强调体现刀刃的锋利。现代刀具大多是金属材质，其特点是材质坚硬、精度高、不易破损，耐用度高，持久且锋利。“磨刀不误砍柴工”，在精修刀具时，也要通过 Photoshop 工具的不断“打磨”，才能铸造一把“利器”。

能力迁移

任务描述：根据以上实训任务进行总结，结合所学内容，填写任务实施分析表，完成水果刀中刀柄部分的精修。

任务清单 3　任务总结分析表

任务清单		
任务内容	完成热水器实拍图精修。	
商品实拍图		
要求	请根据所学内容，分析在该商品实拍图中金属部分存在的问题，并撰写拟使用的解决方法。	
任务分析	精修内容	解决方法
	例：增强高光	减淡工具→涂抹减淡

优秀案例赏析

图 1.4.38　实拍图

图 1.4.39　精修图

金属材质商品热水壶精修案例赏析。

图 1.4.38 实拍图修图思路：

（1）根据商品本身结构纠正商品形态，按热水壶的壶身、壶嘴、壶盖、手柄分结构做好基础图层，填充固有色。

（2）分析光影，分别强化左右光源，结合结构做出每个结构的明暗面。

（3）根据每个结构的材质特征调整光影。

（4）做好小结构的细节优化，如转折处高光、暗部等。

图 1.4.39 精修图的优点赏析：

（1）能把握商品形状准确矫形，商品无变形轮廓无毛边，每个结构体现清晰。

（2）通过分析光影情况强化光源，准确体现在左右光源下商品的受光情况。

（3）准确体现在不同材质下的光影特点。

（4）在还原商品固有色的基础上做好美化工作。

直通职场

常见的职场工作制度要求

（1）严格遵守公司的有关规定，遵守相应的法律法规，不得从事危害国家和公司利益的活动。

（2）遵守公司保密制度，不得向第三方泄露任何技术或业务的机密信息。

（3）不得无故迟到早退，更不得无故旷工。事假或病假须提前向主管或相关部门负责人员申请。

（4）上班期间按时完成本职工作任务，不得随意玩手机、睡觉、吸烟、喝酒等，不得干私活，不得擅离职守，随意串岗、脱岗。

（5）同事间彼此树立团结互助的精神，塑造企业积极进取、讲求效率的工作氛围。

（6）除因工作需要外，避免在公司内会客，任何公司以外人员禁止使用公司电脑。

（7）服从所属部门、负责人在其职权范围内的工作安排或工作调动。

课后练习

1. 单选题

(1) 以下商品反光最强烈的是(　　)。

A. 亚光塑料盒　　B. 棉质外套

C. 软面材质洗面奶　　D. 金属不锈钢热水壶

(2) 对金属材质特点的描述正确的是(　　)。

A. 光源模糊程度小　　B. 明暗过渡明显

C. 反射强　　D. 以上都对

(3) “减淡工具”的快捷键是(　　)。

A. E　　B. O　　C. L　　D. B

(4) 使用“减淡工具”时要注意设置属性栏中的什么项目?(　　)

A. 范围　　B. 曝光度　　C. 保护色调　　D. 以上都对

(5) 关于“减淡工具”的属性“范围”中的“中间调”描述正确的是(　　)。

A. 相当于画面“黑白灰”关系中的“白色”部分

B. 相当于画面“黑白灰”关系中的“灰色”部分

C. 相当于画面“黑白灰”关系中的“黑色”部分

D. 以上都对

2. 判断题

(1) 经过加工处理, 金属材质表面会有多种纹理效果。(　　)

(2) 添加“动感模糊”可以在菜单栏执行“图像”→“模糊”→“动感模糊”。(　　)

(3) “减淡工具”只能用作减淡画面中较亮的部分。(　　)

(4) “动感模糊”对话框中的距离可以用来设置图像像素模糊的程度。(　　)

(5) 金属材质商品的反光只会出现在结构转折处。(　　)

3. 填空题

(1) 金属材料是指具有光泽、延展性、容易导电、传热等性质的材料。金属材质商品都具有________的特性。

(2) ________金属材质商品在反光类商品中对光的反射最为强烈, 具有________的特点, 即明暗对比大, 光源模糊程度小, 明暗过渡明显, 会出现多处反光与高光。

(3) ________是一个用于提亮的工具, 可以把图片中需要变亮或增强质感的部分颜色提亮, 常用于塑造金属材质的高反光效果。

(4) 制作不锈钢材质表面拉丝的纹理效果具体方法是: 在“滤镜”→“杂色”→________的步骤后, 运用________来达到金属拉丝的纹理效果。

(5) 体现刀具、刀背部分的体积感是通过添加“图层样式”中的________来体现明暗转折结构, 从而表现商品的体积感。

项目 2

吸光类商品图片精修

学习目标

知识目标

- 掌握吸光类商品成像的特点；
- 理解修图的任务要求；
- 掌握吸光类商品修图的步骤思路。

能力目标

- 能够运用吸光类商品的一般修图方法；
- 能够使用 Photoshop 工具实现吸光类商品光感的处理；
- 能够使用 Photoshop 工具实现吸光类商品质感的处理。

素质目标

- 培养学生对民族企业与中国传统文化的认同感与自豪感；
- 树立学生真知来源于实践的意识；
- 加强学生自身修养，加强对食品安全的重视性；
- 培养学生的创新意识。

思维导图

- 项目 2　吸光类商品图片精修
  - 任务 1　食材类商品图片精修
    - 学习活动 1　食材类商品图片色彩处理
    - 学习活动 2　食材类商品图片瑕疵处理
  - 任务 2　皮革材质商品图片精修
    - 学习活动 1　皮革材质的塑形处理
    - 学习活动 2　纹理材质的瑕疵处理
  - 任务 3　软面亚光材质商品图片精修
    - 学习活动 1　软面亚光材质的矫正处理
    - 学习活动 2　软面亚光材质的褶皱与光影处理
  - 任务 4　毛绒材质商品图片精修
    - 学习活动 1　毛绒材质商品图片的抠图方法
    - 学习活动 2　商品图片倒影处理
    - 学习活动 3　毛绒商品图片的清晰度处理

案列导入

近年新冠肺炎疫情发生后，澄海市玩具公司的客商数量和订单数量明显减少，绝大多数展会停办或延期。不少澄海玩具企业面临货品滞销、海外订单取消的严峻挑战。可以帮助企业解决这些麻烦的新平台应运而生。

广东某商务展览有限公司开发的“宵鸟玩具云”系统将玩具展厅“从线下搬到线上”，既为玩具厂商搭建商品展示、报价单制作的平台，又为采购商提供图片搜索、厂家现货信息查询等服务，不到 4 个月就上线玩具商品 165 万款，采购商浏览商品 3 万多款、产生报价记录 1 万多条。

为帮助玩具企业拓展销售渠道，当地推动玩具工厂与电商平台京喜携手打造工厂直销示范基地，支持宏腾公司和阿里巴巴 1688 合作打造“澄海玩具直播节”。澄海区电子商务产业协会与社交电商平台京喜加强合作，为玩具企业“外贸转内销”“线下转线上”提供培训和孵化服务，并计划每个月举办一到两场玩具专场大促活动。

澄海某玩具公司美工组员工李娟为上线新商品，将店铺吸光类商品的拍摄图作美化处理，希望更能体现商品的原貌与质感，从而在疫情期间完成商品线上销售，并提升商品的转化率。

通过对店铺吸光类商品图的精修，线上店铺的点击与转化率都有所提升。如图 2.0.1 所示，左图为美化前的商品实拍图，右图为该美化后的精修图。

图 2.0.1　精修前后对比图

通过以上案例，请同学们思考并分小组讨论。

（1）请分析左右两张商品图的布光方式是什么？

（2）为什么选择使用这样的布光方式来呈现？

（3）请分析吸光类商品图的光影成像特点。

任务1　食材类商品图片精修

学习目标

知识目标

- 了解食品类商品图片的修图要点；
- 掌握色阶、亮度 / 对比度等图片明暗调节工具的定义、操作原理、使用方法；
- 掌握曲线、色相 / 饱和度、色彩平衡等图片色彩调节工具的定义、操作原理、使用方法；
- 掌握污点修复工具的定义、操作原理、使用方法。

能力目标

- 能够正确使用工具调整图片的影调；
- 能够正确使用工具调节图片整体的色彩，使之富有食欲感；
- 能够对商品图片表面瑕疵进行处理。

素质目标

- 提升学生的色彩美学意识和艺术审美意识；
- 在修图的过程中树立学生的诚信意识；
- 振兴传统工艺，树立青少年国家振兴的责任使命，为打造文化自信、开放包容的大国形象贡献力量。

任务清单1　任务分析表

项目名称	任务清单内容	
任务情景	为了响应国家乡村振兴战略，项目组引入乡村社群电商项目，帮助农户推销农副商品，现需要根据拍摄组提供的牛肉丸食品图片进行后期精修处理，并对商品图片精修提出了以下要求： ①需调整食品图片整体影调； ②需调整食品图片整体色调； ③需修复图片中的瑕疵。	牛肉丸食品实拍图
任务目标	完成牛肉丸食品调色的精修。	
任务分析	问题	分析
	该图片的影调是否符合食品类图片氛围感的要求？若不符合，如何调整图片整体影调？	
	图片表面存在大量的自然瑕疵和人为瑕疵，如何完成局部瑕疵处理？	
	图片所展现的整体食欲氛围感不足，提升氛围感主要从图片的哪些方面入手？如何调整？	

学习活动1　食材类商品图片色彩处理

1. 食材类商品图片修图要点

（1）调色

一般情况下，食品图片往往要求色彩鲜亮，饱和度高，且画面要干净清晰，应给人一种新鲜的感觉，如图 2.1.1 所示。

图 2.1.1　食品拍摄图

据相关调查显示，在人们的视觉感受中，橙色是非常容易激起人们食欲的颜色，因此，在食品图片修图中想提升整体画面的食欲氛围，重点在于调色。

（2）修瑕

在修图之前，先观察商品图片的整体画面。除了调色以外，还要注意是否存在一些诸如构图、画面残缺、穿帮画面或瑕疵等问题。

如图 2.1.2 所示的“无花果和面包”修图前后的对比图。

图 2.1.2　“无花果和面包”修图前后的对比图

经过观察原图，可以发现商品构图理想，画面无残缺，未存在明显杂物或瑕疵，但图片颜色整体发灰，光影层次不够明显，色彩饱和度不够，色调倾向不明确。

针对以上问题，在修图过程中需要着重注意以下几点：

①在调整图片的亮度时，注意适当即可，切忌调得太过，给人一种失真的感觉。

②在调整图片的色调时，针对图片的具体情况，可为图片的局部添加一些橘黄色、绿色等颜色，使食物看起来让人更有食欲。

③在对照片进行锐化处理时，切忌锐化过度，以免在画面中出现过多的杂点。

2. 调整图片亮度的工具

(1) 色阶

色阶表现了一幅图的明暗关系，指的是图像亮度强弱的指数标准，也就是我们说的色彩指数。在数字图像处理教程中，指的是灰度分辨率。色阶和颜色无关，表现的是图片的亮度，但值得注意的是，画面最亮的只有白色，最暗的只有黑色。

如图 2.1.3 所示，在 Photoshop 新的填充或调整图层中，可看到直观的直方图展示，其用横坐标标注质量特性值，纵坐标标注频数或频率值，各组的频数或频率的大小用直方柱的高度表示。在运用时可以使用“色阶”调整图像的阴影、中间调和高光的强度级别，从而校正图像的色调范围和色彩平衡。

如图 2.1.4 所示的“香菇”拍摄图，原图偏暗，整体偏灰。添加新的填充和调整图层，选择“色阶”，调节色阶数据如图 2.1.5 所示，提升图片亮度、对比度。

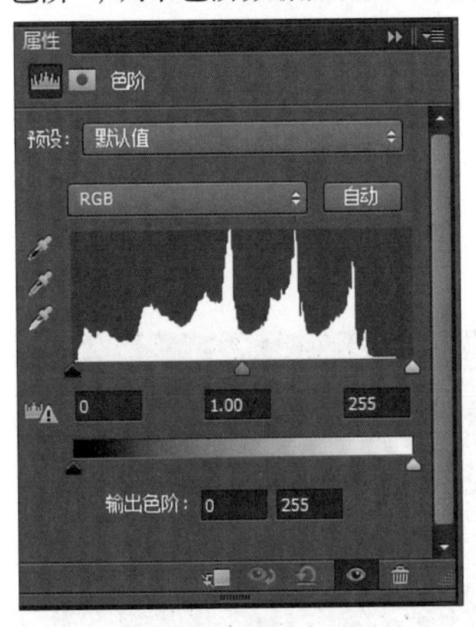

图 2.1.3　色阶直方图

图 2.1.4　实拍图

图 2.1.5　使用“色阶”命令

两者产生的图像变化是通过添加新的填充或调整图层实现。运用“色阶”命令，将左右两边的黑场和白场往中间滑动，提升画面亮度、对比度，从而展现食品表面更多的细节。

（2）亮度、对比度

图片的亮度即指照射在景物或图像上光线的明暗程度，图片的对比度即指不同颜色之间的差别，对比度越大，不同颜色之间的反差越大。当图片亮度增加时，就会显得耀眼或刺眼，亮度越小时，图像就会显得灰暗。

使用“亮度 / 对比度”命令

“亮度 / 对比度”命令常用于使图片变得更亮或者更暗，适合于校正对比度低（偏灰），对比度过高（刺眼）的图片，在新的填充和调整图层中，亮度 / 对比度的界面如图 2.1.6 所示。

如图 2.1.7 所示，原图图片过暗，暗部细节无法展示，明暗对比度过低，表现出较灰的色彩效果。使用“亮度 / 对比度”命令，调节参数，提升图片亮度、对比度，具体如图 2.1.8 所示。

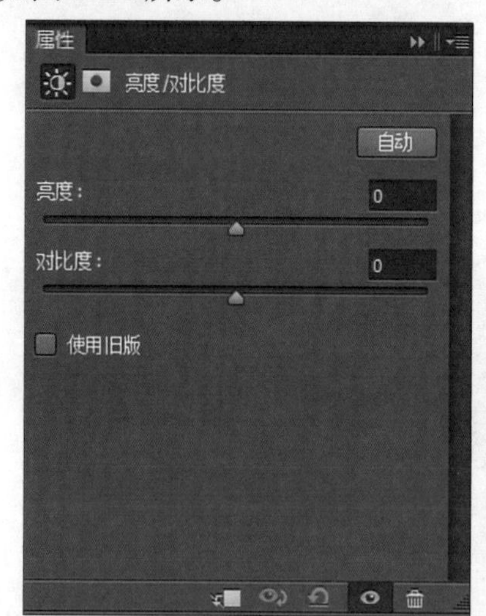

图 2.1.6 “亮度 / 对比度”界面

图 2.1.7 实拍图

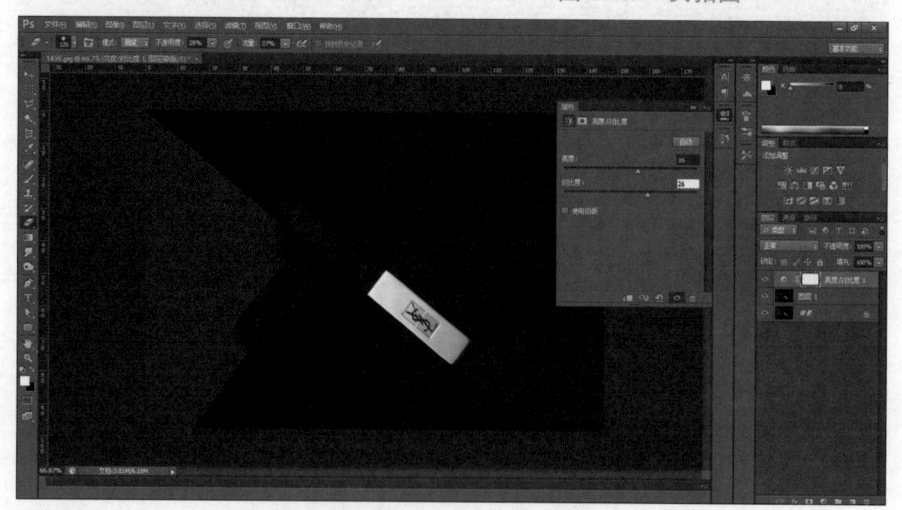

图 2.1.8 使用“亮度 / 对比度”命令

3. 调整图片色彩的工具

（1）曲线工具

曲线是一个调整和改善曝光不均匀、颜色灰度值分布不均匀的工具。曲线可以调整图像的整个色调范围（从阴影到高光），并可实现多点细微调整，也可以对某个颜色通道来对该颜色进行调整。所以，要精细地调整图像的影调，非曲线莫属。

曲线的使用包含：①调节影调明暗；②控制图像反差；③提高暗部层次；④产生色调分离。

因此曲线工具既可以用于画面的明暗和对比度的调整，又可以校正画面偏色问题，调整出独特的色调效果。

如图 2.1.9 所示，原拍摄图暗部较暗，颜色过于偏棕。打开“曲线”命令，提升图片暗部区域的亮度，显示更多的暗部细节，同时适当提升亮部亮度，削弱明暗对比，打开 RGB，选择红色，提升红色区域颜色，使其视觉效果更加富有食欲感，如图 2.1.10 所示。

使用“曲线”命令

图 2.1.9 实拍图

图 2.1.10　使用“曲线”命令

（2）色相、饱和度工具

色相是色彩的首要特征，是区别各种不同色彩最准确的标准。饱和度是指色彩的鲜艳程度，也称色彩的纯度。饱和度取决于该色中含色成分和消色成分（灰色）的比例。含色成分越大，饱和度越大；消色成分越大，饱和度越小。

“色相 / 饱和度”命令可以对图像整体或者局部的色相、饱和度以及颜色的明度进行调整，还可以对图像中的各个颜色（红、黄、绿、青、蓝、洋红）的色相、饱和度以及明度分别进行调整。该命令常用于更改画面局部的颜色，用于增强画面的饱和度。

如图 2.1.11 所示，原图色调偏冷，饱和度偏低，整体呈现的食欲感不佳。如图 2.1.12 所示，打开“色相 / 饱和度”命令，调整色相至偏橘色，提升饱和度，提升食物新鲜感和食欲感。

使用“色相/饱和度”命令

图 2.1.11　拍摄图

图 2.1.12　使用“色相 / 饱和度”命令

（3）色彩平衡

自然界的色彩是通过刺激人的视觉器官产生色的感觉，是大脑中枢产生色彩的生理平衡需求。人的视觉器官对色彩要求具有协调舒适的要求，即不带尖锐刺激的要求。而能满足这种要求的色彩就是能达到生理平衡的色彩。人的视觉对色彩的这种需求，称为色彩的平衡。

通过对图像的色彩影调（高光、中间调、阴影）进行色彩平衡处理，可以校正图像色偏，过饱和或饱和度不足的情况，也可以根据自己的喜好和制作需要调制需要的色彩，更好地完成画面效果，应用于多种软件和图像、视频制作中。

如图 2.1.13 所示，原图中间调和高光部分的色彩偏冷，饱和度不足，整体食欲感欠佳。打开“色彩平衡”，调整图片中间调和高光的色相至偏橘色，具体参数如图 2.1.14 所示。

图 2.1.13　拍摄图

使用"色彩平衡"命令

图 2.1.14　使用"色彩平衡"命令

直通职场 

1. 食品修图与其他类目的差异

（1）食品修图更加注重的是它整体画面的食欲氛围，重点在于画面颜色调色。

（2）在保证画面食品完整度的情况下，只需要修一些穿帮画面和一些脏点即可。

2. 食品类精修业务在修图业务中的占比

相对化妆品、日用品、模特人像来说，食品类精修业务占比略少，约为总和的 8%。

3. 食品类精修业务对人才的具体要求

（1）能熟练使用调色的软件，例如：lR、Capture One。

（2）修图师无色感弱、色弱、色盲等颜色区分问题。

（3）熟练掌握拍摄 PS、AI 修图软件和工具的使用。

（4）有一定的美术和配色功底。

学习活动 2　食材类商品图片瑕疵处理

1. 食材类商品图片瑕疵的种类

（1）食材自身自然瑕疵：食材制作过程或成长过程中本身携带的纹路或瑕疵，大部分都不需要处理，但有一些因面积过大而影响视觉感受的图片，是需要进行处理的。

（2）划痕：食材表面由于摩擦、碰撞等原因，在表面形成的划痕或者擦痕。

（3）灰尘：空气中灰尘遗留在商品表面形成的瑕疵点。

（4）混乱光影：由于拍摄环境光源混乱，在商品表面形成的杂乱光影，常见于表面光滑的高反光类食品图片。

（5）残缺画面或穿帮画面：画面中食材残缺部分、场景残缺部分以及穿帮画面等。

2. 常见的瑕疵修复工具

使用“污点修复”命令

（1）污点修复工具

污点修复工具是一种计算机程序，用来修复图像文件中的污点。污点修复画笔工具最大的优点就是不需要定义原点，只需要确定好要修补图像的位置，Photoshop 就会从所修补区域的周围取样进行自动匹配。

图 2.1.15　原图瑕疵点

（2）仿制图章工具

仿制图章工具是从图像中取样，然后将样本应用到其他图像或者同一图像的其他部分，一般用于修补图片比较多。

如图 2.1.15 所示，原图上存在大量的瑕疵点，降低了商品质感，影响整体的视觉。打开“污点修复”命令，调整画笔参数（见图 2.1.16），使用鼠标左键点击瑕疵点完成污点修复，修复效果如图 2.1.17 所示。

图 2.1.16　画笔参数

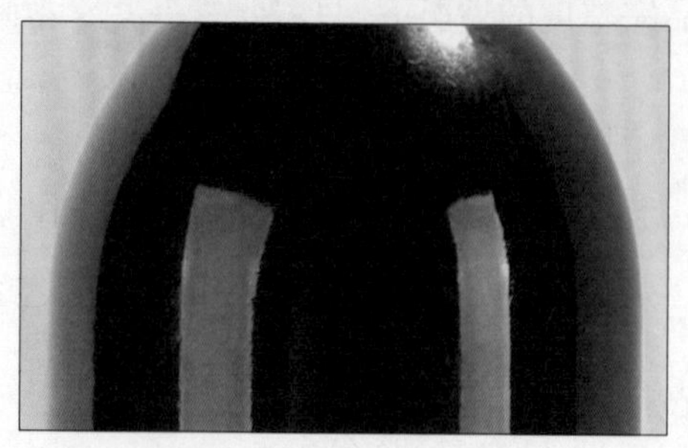

图 2.1.17　使用“污点修复”

传承有我

潮汕手打牛肉丸的历史源远流长，且近年来，电商技术崛起，通过电商技术将这些传统文化和传统技艺推广到公众面前，已经成为一种宣传传统工艺的主流手段。巧用电商技术，是发扬传统文化和传统技艺的重要方法，在传承文化的同时，还能促进青少年树立国家振兴的责任使命，为打造文化自信、开放包容的大国形象贡献力量。

任务清单2　任务实施表

<table>
<tr><td rowspan="6">任务实施</td><td colspan="2">任务内容</td><td colspan="2">操作目标</td><td>方法</td><td>操作效果</td></tr>
<tr><td colspan="2" rowspan="5">完成以下商品实拍图的精修。</td><td colspan="2">例：调整图片影调。</td><td>使用亮度/对比度。</td><td></td></tr>
<tr><td colspan="2"></td><td></td><td></td></tr>
<tr><td colspan="2"></td><td></td><td></td></tr>
<tr><td colspan="2"></td><td></td><td></td></tr>
<tr><td colspan="2"></td><td></td><td></td></tr>
<tr><td>任务总结</td><td colspan="6">通过任务的实施，请勾选你认为已经掌握的知识或技能目标。
(　　) 已经熟悉食品类商品图片的修图要点；
(　　) 已经掌握色阶、亮度/对比度等图片影调调节工具的定义、操作原理、使用方法；
(　　) 已经掌握曲线、色相/饱和度、色彩平衡等图片色彩调节工具的定义、操作原理、使用方法；
(　　) 已经掌握污点修复工具的定义、操作原理、使用方法；
(　　) 能够正确使用工具调整图片的影调；
(　　) 能够正确使用工具调节图片整体的色彩，使之富有食欲感；
(　　) 能够对商品图片表面瑕疵进行处理。</td></tr>
<tr><td rowspan="9">任务点评</td><td>序号</td><td colspan="2">处理操作</td><td>完成情况</td><td>标准分</td><td>评分</td></tr>
<tr><td>1</td><td colspan="2">商品图明暗调节。</td><td></td><td>20</td><td></td></tr>
<tr><td>2</td><td colspan="2">商品图色彩处理。</td><td></td><td>40</td><td></td></tr>
<tr><td>3</td><td colspan="2">商品图瑕疵处理。</td><td></td><td>10</td><td></td></tr>
<tr><td>4</td><td colspan="2">工单填写。</td><td></td><td>10</td><td></td></tr>
<tr><td>5</td><td colspan="2">色彩美学意识和艺术审美意识。</td><td></td><td>10</td><td></td></tr>
<tr><td>6</td><td colspan="2">美工素养（诚信意识、严谨、民族文化振兴的责任使命感）。</td><td></td><td>10</td><td></td></tr>
<tr><td>7</td><td colspan="4">合计</td><td></td></tr>
<tr><td>8</td><td colspan="2">教师评语</td><td colspan="3"></td></tr>
</table>

实操锦囊

1. 分析图片

图 2.1.18　实拍图

通过分析原图（见图 2.1.18），结合食品类商品图片修图要点，商品图片修图需要注意以下几个问题：

①食品类商品，其材质、结构、颜色都有天然的属性，修图时要充分保留其结构特征。

②食品类商品要充分考虑消费者心理，色彩处理上注意颜色的自然、饱和、能够引发食欲感。

③修饰表面光影时要适当提升立体感，使商品更加润泽。

④商品图片光泽度不够，整体偏灰暗。

⑤商品图片存在瑕疵，影响食欲，需要修复瑕疵。

2. 影调调节

以食品实拍图为基础，进行光影调节。

添加新的填充和调整图层，选择“亮度 / 对比度”，提高亮度参数，降低对比度参数，从而提高图片亮度，降低对比度，具体参数如图 2.1.19 所示。

图 2.1.19　使用“亮度 / 对比度”命令

■ 更多步骤与完整操作视频请扫码查看。

食品类商品图片修图更多步骤

食品类商品图片修图操作视频

能力迁移

任务描述：根据以上实训任务进行总结，结合所学内容，填写任务总结分析表，完成鸭肉商品图的精修，保存为 JPG 格式提交到教师指定区域。

任务时间：60 分钟。

任务清单3　任务总结分析表

<table>
<tr><th colspan="3">任务清单</th></tr>
<tr><td>任务内容</td><td colspan="2">完成烟熏鸭肉商品实拍图的精修。</td></tr>
<tr><td>商品实拍图</td><td colspan="2"></td></tr>
<tr><td>要求</td><td colspan="2">请根据食品类商品图片精修所学的内容，分析该商品实拍图中存在的问题，并撰写拟使用的解决方法。</td></tr>
<tr><td rowspan="6">任务分析</td><td>精修内容</td><td>解决方法</td></tr>
<tr><td>例如：在实操案例中，商品图片主要从色彩食欲氛围方面进行精修。</td><td>例如：利用色相/饱和度、色彩平衡等的色彩调整方法来解决问题。</td></tr>
<tr><td></td><td></td></tr>
<tr><td></td><td></td></tr>
<tr><td></td><td></td></tr>
<tr><td></td><td></td></tr>
</table>

课后练习

1. 单选题

（1）食品类商品图片精修最注重的是以下哪方面的处理？（　　）

A. 光影　　B. 色彩　　C. 立体感　　D. 层次感

（2）关于食品类商品图片精修，以下说法错误的是（　　）。

A. 在调整图片的亮度时，注意适当即可，切忌调得太过，给人一种失真的感觉

B. 在调整图片的色调时，针对图片的具体情况，可为图片的局部添加一些橘黄色、绿色等颜色，使食物看起来让人更有食欲

C. 在调整图片瑕疵时，注意要将所有种类的瑕疵都处理干净，保证画面中主体明朗

D. 在对照片进行锐化处理时，切忌锐化过度，以免画面中出现过多的杂点

（3）调整食品图片亮度，常用的工具有哪些？（　　）

A. 亮度 / 对比度　　B. 自然饱和度　　C. 色彩平衡　　D. 照片滤镜

（4）调整食品图片色彩，常用的工具不包括（　　）。

A. 亮度 / 对比度　　B. 自然饱和度　　C. 色彩平衡　　D. 照片滤镜

（5）调整食品图片瑕疵，常用的工具不包括（　　）。

A. 污点修复　　B. 仿制图章　　C. 修复画笔　　D. 橡皮擦

2. 判断题

（1）“色相 / 饱和度”命令可以对图像整体的色相和饱和度进行调整，不能单独就某个颜色进行调节。（　　）

（2）在食品图片修图中，想提升整体画面的食欲氛围，重点在于调节明暗。（　　）

（3）在调整图片的亮度时，注意适当即可，切忌调得太过，给人一种失真的感觉。（　　）

（4）“亮度 / 对比度”命令适合于校正对比度低（偏灰），对比度过高（刺眼）的图片。（　　）

（5）在修图之前，先观察商品整体。除了调色以外，还要注意是否存在一些诸如构图、画面残缺、穿帮画面或瑕疵等问题。（　　）

3. 填空题

（1）图片的亮度即指照射在景物或图像上光线的__________，图片的__________即指不同颜色之间的差别，对比度越大，不同颜色之间的__________越大。图像__________增加时，就会显得耀眼或刺眼，__________越小时，图像就会显得灰暗。

（2）“色相 / 饱和度”命令可以对图像整体或者局部的________、________以及颜色的________进行调整，还可以对图像中的各个颜色（________、________、________、________、________、________）的________、________以及________分别进行调整。该命令常用于更改画面局部的________，用于增强画面的饱和度。

（3）在调整图片的色调时，针对图片的具体情况，可为图片的局部添加一些________、________等颜色，使食物看起来让人更有食欲。

（4）在对照片进行锐化处理时，切忌锐化________，以免画面中出现过多的________。

（5）食品类图片残缺画面或穿帮画面指的是画面中________部分、________部分，以及穿帮画面等。

任务2　皮革材质商品图片精修

学习目标 

知识目标

- 了解皮革材质的质感特点；
- 理解液化工具的定义，熟悉液化工具的操作原理和使用方法；
- 清晰皮质材质表面瑕疵的种类；
- 理解合成的定义及其操作原理和使用方法。

能力目标

- 能够对皮革材质商品进行形体判断及矫正；
- 能够对纹理材质的瑕疵进行处理。

素质目标

- 构建修图的思路框架，培养学生良好的解决问题的能力；
- 培养青少年耐心和细心，树立高尚的秉性和坚韧的气质，不负时代的使命和国家期冀。

任务清单 1　任务分析表

<table>
<tr><th>项目名称</th><th colspan="2">任务清单内容</th></tr>
<tr><td>任务情景</td><td colspan="2">皮革材质是商品图片精修业务中常见的一类材质，本期客户提供了一张磨砂材质皮包实拍图，因其本身材质易变形易褶皱等特点，实拍图的视觉效果降低了包身整体的品质和美感，为提升商品图片的点击率和转化率，针对皮包包身部分对修图工作提出以下要求：
①调整包身边缘；
②统一包身光影；
③提高包身质感。
女士皮包实拍图</td></tr>
<tr><td>任务目标</td><td colspan="2">完成皮革材质女士皮包实拍图的精修。</td></tr>
<tr><td rowspan="4">任务分析</td><td>问题</td><td>分析</td></tr>
<tr><td>包体结构坍塌变形，如何矫正塑形？</td><td></td></tr>
<tr><td>包身表面褶皱多，光影混乱，如何在保证不损失包身表面肌理的情况下，实现光影的统一？</td><td></td></tr>
<tr><td>包身质感存在一定程度的损失，如何提升包身整体质感？</td><td></td></tr>
</table>

学习活动 1　皮革材质的塑形处理

1. 皮革材质的质感特点

皮革材质在商品图精修中，是常见的一类质感。同金属镜面反射和漫反射的属性相同，皮革也会根据其表面粗糙程度不同，出现磨砂质感、胶衣或漆皮光滑质感。

图 2.2.1　磨砂质感

图 2.2.2　漆皮光滑质感

(1) 磨砂质感

磨砂质感指表面有较明显的粒面、纹理、肌理、花纹的材质，且其表面有明显的凹凸不平的触感。这类型材质普遍柔软，易坍塌、变形、扭曲。

（2）胶衣或漆皮光滑材质

这类皮革是经特殊工艺形成的再制皮，因此其表面呈光滑的触感。胶衣材质与漆皮材质较柔软，易变形。

2. 液化命令

（1）液化

在 Photoshop 修图工具中的液化命令实际上是一种变形工具，能够将图像按特定要求进行变形处理。

（2）液化命令的操作原理

在“液化”对话框中的工具，是通过按住鼠标按钮或拖移时扭曲画笔区域来实现变形。扭曲力度集中在画笔区域的中心，且其效果随着按住鼠标按钮或在某个区域中重复拖移而增强。液化界面如图 2.2.3 所示。

图 2.2.3　液化界面

3. 皮革材质的塑形处理

女包因其材质柔软，存在包体结构扭曲变形的情况，如图 2.2.4 所示。

按住快捷键“Ctrl+R”调出标尺，利用“移动工具”拉出参考线，对包体轮廓进行定位，从而判断出包体变形区域，如图 2.2.5 红框标示区域所示。

图 2.2.4　包体结构现状

图 2.2.5　包体变形区域

打开 Photoshop 的“液化”命令，点击命令中的“向前推拉工具”，设置画笔大小，画笔大小的数值设置应随调整区域的变化而变化，压力不可过大，过大会挤压包体细节，损失质感，参考参数如图 2.2.6 所示。参数设置完成后，使用鼠标按钮对变形部分进行推拉变形处理，直至底部达到如图 2.2.7 所示的平整的视觉效果。

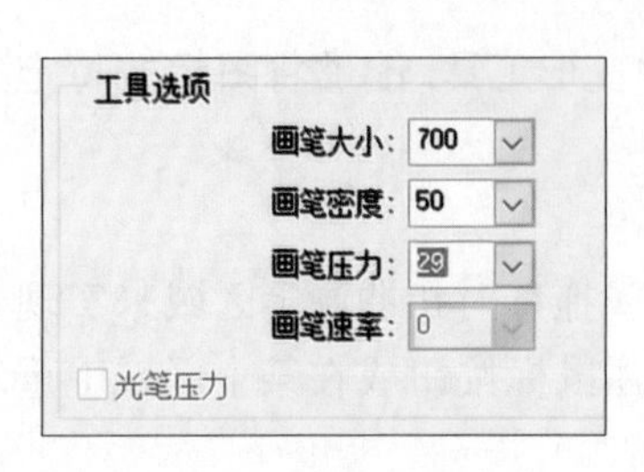

图 2.2.6　液化工具参数

图 2.2.7　向前推拉矫正

皮革材质的塑形处理

行业案例 

“熊猫滚滚”系列图片信息网络传播权纠纷案。

图 2.2.8　被改编的古画（左）原告的改编作品（右）

1. 案例分享

法院认为：

（1）涉案“熊猫滚滚”系列图片构成改编作品——明确了具有独创性的优秀演绎作品应受到著作权法的保护。

涉案 32 张“熊猫滚滚”系列图片是曾龙在中外名画、电影海报等基础上的再创作，画面整体构图、配色虽有所参考，但在熊猫的构图、角色替换、动态姿势上仍可体现曾龙独特的判断与选择，具有一定的独创性。

（2）涉案行为不构成合理使用

全文共使用曾龙《当滚滚遇见中外名画》等系列作品 32 幅，且通篇文章几乎由 32 幅作品累加构成，仅配有极少的文字说明，已明显超过合理使用的必要限度，不符合《中华人民共和国著作权法》第二十二条规定。

2. 借鉴与抄袭的界限

“借鉴”并非法律术语，在版权语境下，其含义是通过对比其他作品与自身作品，取长补短；借鉴是作品创作时的必经之路与常见的创作手段之一：借鉴并非天然就侵犯著作权但过度借鉴就等同抄袭，涉及侵权。

“抄袭”并非法律术语，其含义是把别人的文章、作品私自照抄作为自己的去发表；抄袭是明显违反版权法的著作权侵权行为，其所侵犯的一般为著作权人的署名权等权利；抄袭是较为常见的著作权侵权行为之一，但并非唯一的著作权侵权行为。

学习活动2　纹理材质的瑕疵处理

1. 皮革材质的光影特点

皮革表面越粗糙，漫反射越多，高光越弱；皮革表面越光滑，镜面反射越多，高光和交界线的形状越清晰。且皮革材质表面大都呈自然纹理状，大部分材质由于本身质地柔软，易变形，因此其光影呈现杂乱状态，会形成凹凸不平的光影视觉效果。如图 2.2.9、图 2.2.10 所示。

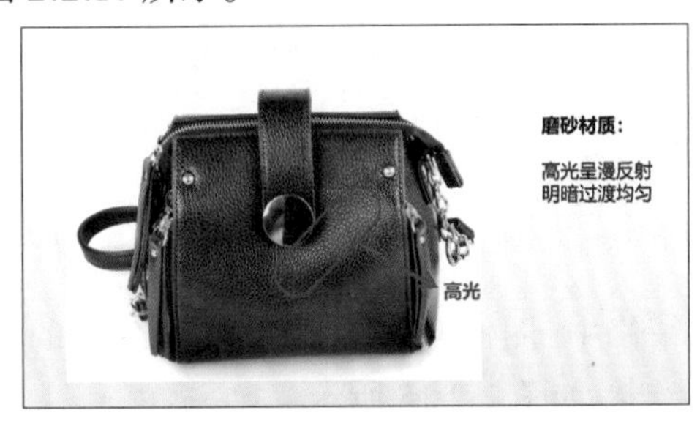

图 2.2.9　皮革磨砂材质

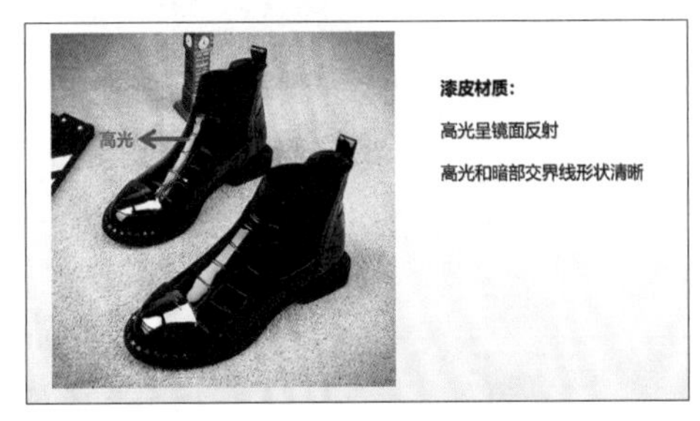

图 2.2.10　皮革漆皮材质

2. 皮质材质表面瑕疵的种类

皮革材质在商品图片精修中，常见的表面瑕疵主要分为以下几种：

（1）指纹

在拍摄过程中，因未佩戴专业手套，触碰商品时，会在其表面留下指纹印记。

（2）划痕

商品表面在历史中形成的划痕、擦痕。

（3）灰尘

空气中飘落的灰尘。

（4）变形的缝纫线

因工艺原因在皮质表面形成的变形或扭曲的缝纫线，此类别瑕疵在视觉上会降低商品的质感。

（5）自然瑕疵

皮质本身存在的瑕疵，例如皮质本身的伤痕、斑点等，此类别的瑕疵需经过和甲方的协商，根据甲方的需求，确定处理意见。

（6）多余褶皱

多余褶皱是由于材质坍塌变形的原因，导致商品表面存在较多的褶皱，因而形成的杂乱光影，使得商品产生视觉结构上的瑕疵。

3. 图像合成的含义

图像合成指的是两张或两张以上的图像拼合成一张完整自然的图像，合成的最终目的是通过不同的素材呈现出一个完整的图像。如图 2.2.11 所示，是由商品实拍图、水珠素材、冰块背景等 3 张图片共同拼合而成。

图 2.2.11　商品主图

素材如图 2.2.12—图 2.2.14 所示。

图 2.2.12　水珠

图 2.2.13　商品实拍图

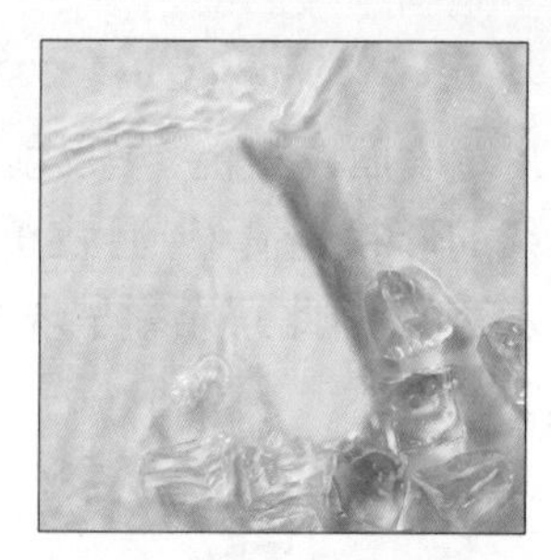

图 2.2.14　冰块背景图

4. 图像合成的过程

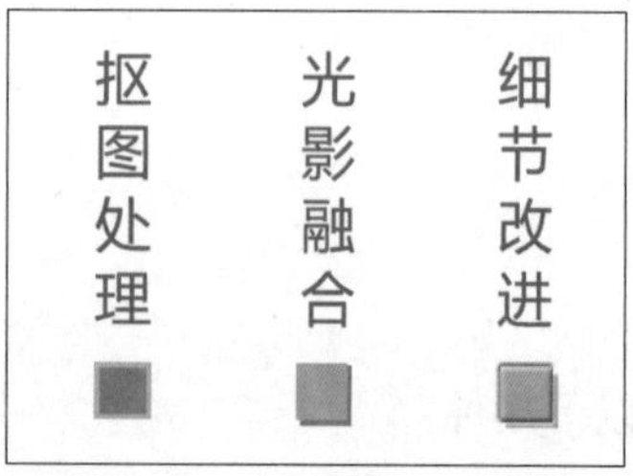

抠图处理　光影融合　细节改进

图 2.2.15　图像合成过程

在商品图片精修中，图像合成的过程，按照先后的顺序主要分为以下 3 步，如图 2.2.15 所示。

（1）抠图处理

将所需素材从原图中粗糙地抠出来，摆好大致的位置，后续视任务情况再完成细抠的操作，合成中常用的抠图方式有 3 种：①魔棒工具；②磁性索套；③钢笔工具。

（2）光影融合

光影顾名思义就是光和阴影，无论是在绘画还是合成领域都非常重要，它是影响视觉的一个重要因素。在商品图片精修中，顺应商品表面的光影变化，在适当的位置处添加高光和阴影，能够提升商品的整体真实感。

（3）细节改进

由于合成完的图存在明显的分界线，在调整完光影后，需要让场景内的素材达到更多交互，通常会应用橡皮擦或画笔工具对图片的边缘进行修饰，使两者更加融洽。

5. 纹理材质表面的瑕疵处理

包体表面有丰富的自然肌理，但因材质柔软，左边饱满立体，但右边坍塌变形，如图 2.2.16 所示。

为了保留其表面肌理，可以利用“多边形套索工具”将左边区域的包体抠选出来，待抠图完毕，形成虚线以后，按住快捷键“Ctrl+J”复制到新的图层中，如图 2.2.17 所示。

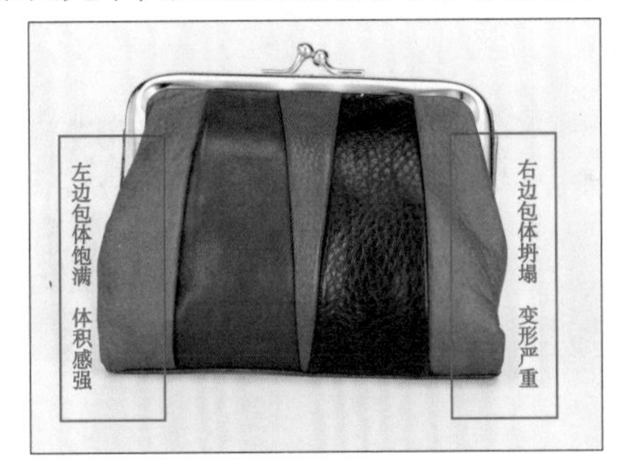

图 2.2.16　女包结构问题

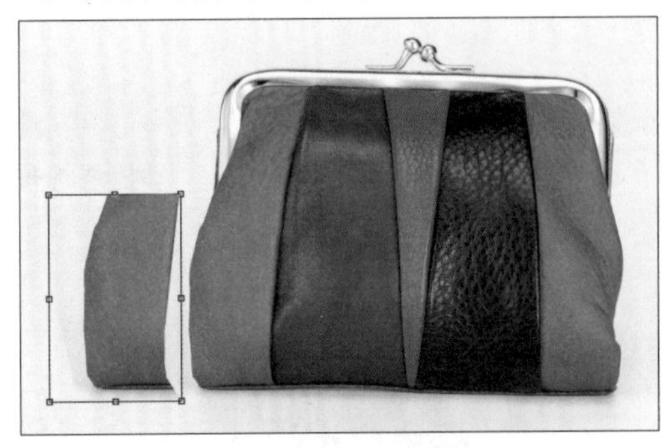

图 2.2.17　抠选并复制局部

按快捷键“Ctrl+T”，右击，选择“水平翻转”，用“移动工具”将抠选出的包体移动至右边变形区域，调整至抠选出的区域与右边上下对齐，如图 2.2.18 所示。按“Enter”键取消“形状编辑命令”，观察右边包体，发现在抠选区域的边缘部分，与后方包体存在明显的轮廓分界线，如图 2.2.19 所示。

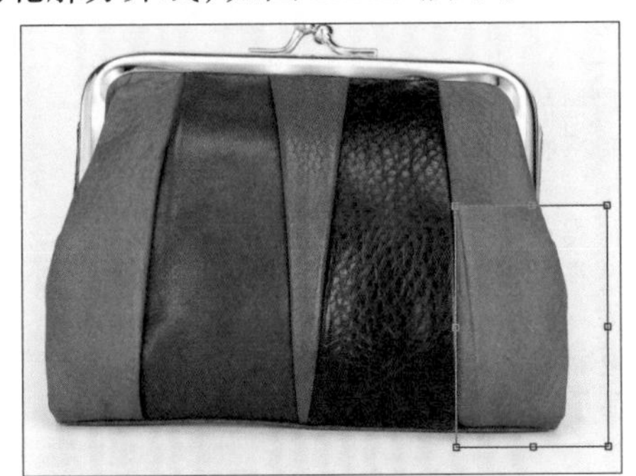

图 2.2.18　翻转对齐

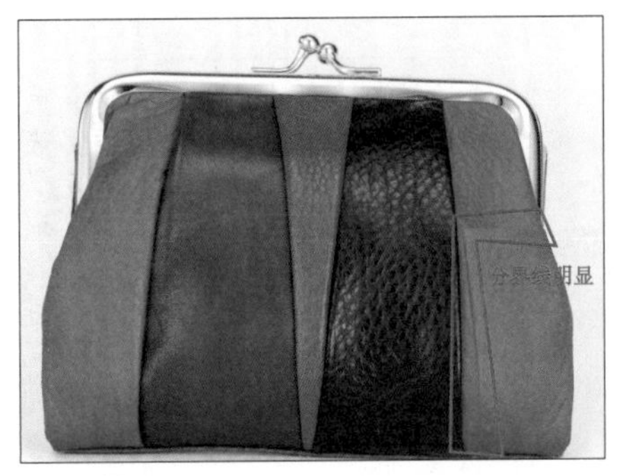

图 2.2.19　轮廓分界线

打开“橡皮擦工具”，选择柔边橡皮擦（硬度设置为 0），设置不透明度和流量，具体数值如图 2.2.20 所示。用“橡皮擦工具”将抠选区域的边缘部分擦拭至与后方图层相融合状态。最终效果如图 2.2.21 所示。

图 2.2.20　设置橡皮擦参数

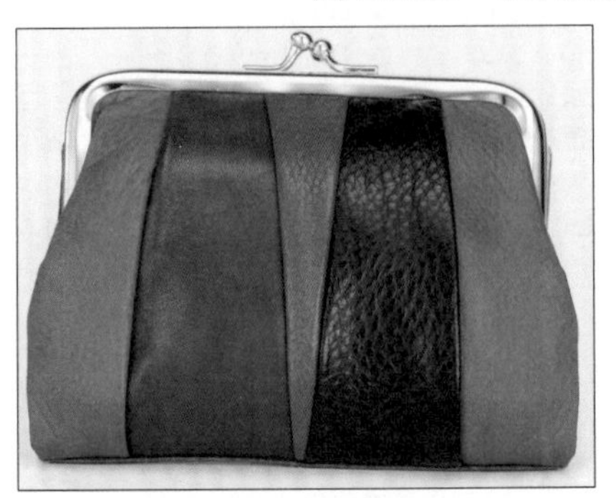

图 2.2.21　合成效果

任务清单 2　任务实施表

<table>
<tr><td rowspan="6">任务实施</td><td colspan="2">任务内容</td><td colspan="2">操作目标</td><td>方法</td><td>操作效果</td></tr>
<tr><td colspan="2" rowspan="5">完成以下商品实拍图的精修。</td><td colspan="2">例：结构矫正塑形。</td><td>使用液化命令。</td><td></td></tr>
<tr><td colspan="2"></td><td></td><td></td></tr>
<tr><td colspan="2"></td><td></td><td></td></tr>
<tr><td colspan="2"></td><td></td><td></td></tr>
<tr><td colspan="2"></td><td></td><td></td></tr>
<tr><td>任务总结</td><td colspan="6">通过任务的实施，请勾选你认为已经掌握的知识或技能目标。
（　　）已了解皮革材质商品表面的质感特点和光影特点；
（　　）已掌握液化工具的定义、操作原理和操作方法；
（　　）已清楚皮质材质表面瑕疵的种类；
（　　）已掌握合成的定义及其操作过程和操作方法；
（　　）能够对皮革材质商品进行形体判断，并利用液化命令完成塑形矫正；
（　　）能够运用合成的方法完成纹理材质的瑕疵处理和结构调整；
（　　）能够运用锐化的方法加强商品图片的质感。</td></tr>
<tr><td rowspan="11">任务点评</td><td>序号</td><td colspan="2">处理操作</td><td>完成情况</td><td>标准分</td><td>评分</td></tr>
<tr><td>1</td><td colspan="2">商品结构轮廓塑形。</td><td></td><td>15</td><td></td></tr>
<tr><td>2</td><td colspan="2">商品图褪底。</td><td></td><td>10</td><td></td></tr>
<tr><td>3</td><td colspan="2">商品图瑕疵处理。</td><td></td><td>20</td><td></td></tr>
<tr><td>4</td><td colspan="2">商品图光影统一。</td><td></td><td>20</td><td></td></tr>
<tr><td>5</td><td colspan="2">商品质感加强。</td><td></td><td>10</td><td></td></tr>
<tr><td>6</td><td colspan="2">工单填写。</td><td></td><td>5</td><td></td></tr>
<tr><td>7</td><td colspan="2">问题解决能力。</td><td></td><td>10</td><td></td></tr>
<tr><td>8</td><td colspan="2">修图师素养（细心、耐心、精益求精）。</td><td></td><td>10</td><td></td></tr>
<tr><td>9</td><td colspan="4">合计</td><td></td></tr>
<tr><td>10</td><td>教师评语</td><td colspan="4"></td></tr>
</table>

实操锦囊

1. 分析图片

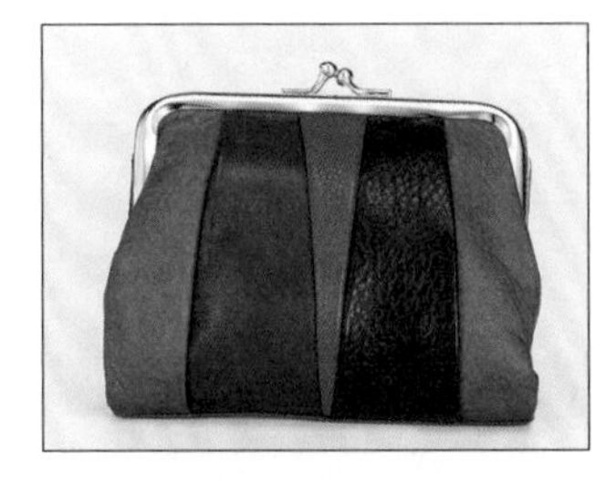
图 2.2.22　女士皮包实拍图

磨砂皮革材质商品，因表面存在大量凹凸不平的肌理，此类型肌理使得光源在包体表面形成漫反射，且材质柔软易变形，使得包体褶皱较多，因此实拍图（见图 2.2.22 ）存在以下问题：

①包体柔软，轮廓变形严重。

②包体表面褶皱较多，光影混乱。

③整体皮质质感损失严重。

2. 褪底矫正

（1）以下列女包实拍图为基础，进行褪底

①选择“钢笔工具”，选择路径，贴合女包的外部轮廓边缘线进行抠图，在抠图时注意路径的贴合和顺滑，同时注意女包左右两边露出的后方多余皮质，可将多余部分抠除。

②路径抠选完毕后，右击鼠标，选择“建立选区”，在包身边缘形成虚线，按快捷键“Ctrl+J”将抠选出的女包复制到新的图层，按快捷键“Ctrl+D”取消选区，实现褪底。

③按快捷键“Ctrl+R”，打开标尺，按“V”键切换至移动工具，按鼠标左键在标尺中拉出参考线，对包身进行定位，利用“变形工具”旋转调整女包角度。

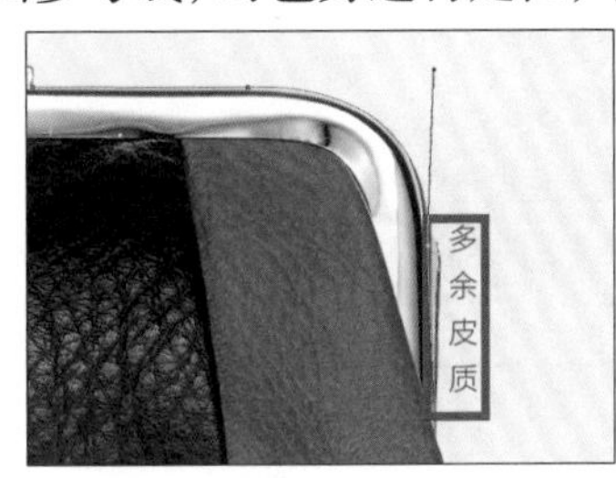

图 2.2.23　钢笔路径抠图

图 2.2.24　钢笔褪底

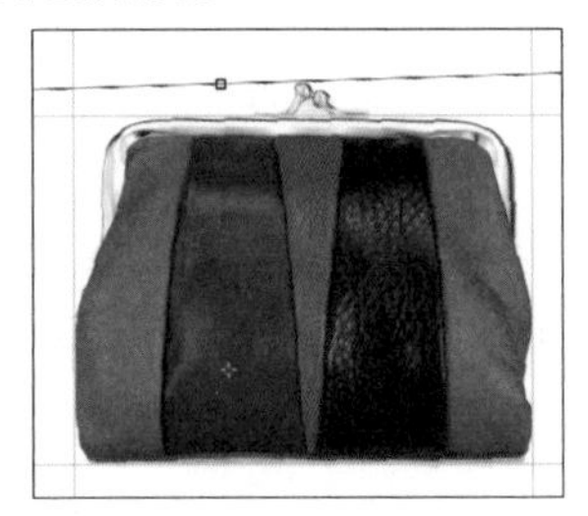
图 2.2.25　调整角度

（2）利用液化命令，对包体轮廓进行塑形调整

如图 2.2.26 所示，女包因其材质柔软，存在包体底部不平整的情况。打开 Photoshop 中的“液化命令”，点击“液化命令”界面中的“向前推拉工具”，设置画笔大小，压力不可过大，过大会挤压包体细节，损失质感，具体参数如图 2.2.27 所示。设置完成后，使用鼠标左键对底部部分进行推拉变形处理，直至底部达到平整的视觉效果，如图 2.2.28 所示。

图 2.2.26　钢笔路径抠图

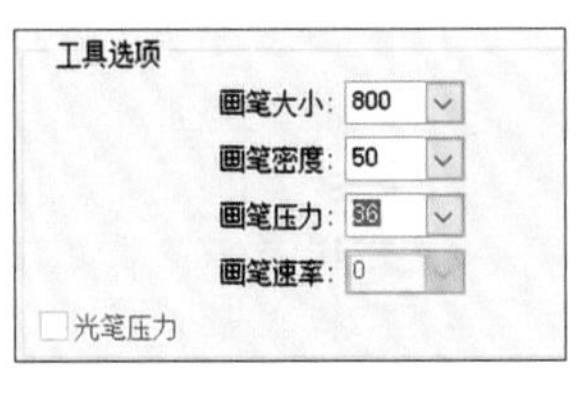

图 2.2.27　画笔参数

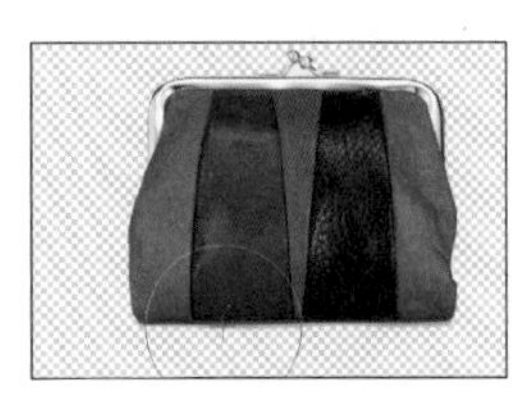
图 2.2.28　液化调整

■ 更多步骤与完整操作视频请扫码查看。

女包商品实拍图精修更多步骤

女包商品实拍图精修操作视频

能力迁移

任务描述：根据以上实训任务进行总结，结合所学内容，填写任务总结分析表，完成女士皮包图片的精修。

任务清单 3　任务总结分析表

<table>
<tr><th colspan="3">任务清单</th></tr>
<tr><td>任务内容</td><td colspan="2">完成女包商品实拍图的精修。</td></tr>
<tr><td>商品实拍图</td><td colspan="2"></td></tr>
<tr><td>要求</td><td colspan="2">请根据所学内容，分析该商品在实拍图中皮革材质部分存在的问题，并撰写拟使用的解决方法。</td></tr>
<tr><td rowspan="6">任务分析</td><td>精修内容</td><td>解决方法</td></tr>
<tr><td>例如：在实操案例中，商品图片主要从褪底矫正塑形、瑕疵和光影处理、锐化增强质感等方面进行精修。</td><td>例如：瑕疵和光影的处理是用截取“平整干净区域”，利用“合成”的方法来解决问题。</td></tr>
<tr><td></td><td></td></tr>
<tr><td></td><td></td></tr>
<tr><td></td><td></td></tr>
<tr><td></td><td></td></tr>
</table>

优秀案例赏析

图 2.2.29 拍摄图

图 2.2.30 精修图

观察分析原商品拍摄图（见图 2.2.29），主要存在结构轮廓变形、包体光影混乱、整体色彩明度偏灰、质感缺失等问题，因此在图片精修时，需塑形矫正包体轮廓，统一包身光影，提升明暗对比，并加强质感。图片精修（见图 2.2.30）在复位商品轮廓的基础上，保留并提升了商品皮质质感，同时剔除了多余杂光，黑白对比注重细节处如包身金属、缝纫线、拉链等的塑造，大大提升了包体的视觉质感。

课后练习

1. 单选题

（1）皮革磨砂材质的特点不包括（　　）。

A. 表面有较明显的粒面、纹理、肌理、花纹的材质

B. 表面有明显的凹凸不平的触感

C. 材质普遍柔软

D. 材质坚硬、轮廓硬朗

（2）皮革胶衣或漆皮光滑材质的特点是（　　）。

A. 表面呈粗糙的触感　　B. 材质柔软

C. 材质不易变形　　D. 材质挺阔硬朗

（3）皮革材质的光影特点描述正确的有（　　）。

A. 皮革表面越粗糙，漫反射越多，高光越弱

B. 皮革表面越光滑，镜面反射越少，高光和交界线的形状越模糊

C. 皮革材质若表面柔软褶皱多，表面光影大都呈现统一状态，会形成凹凸不平的光影视觉效果

D. 皮革材质若表面坚韧无褶皱，表面光影呈镜面反射，光影弱的特点

(4) 皮革材质的瑕疵处理不包括下面的哪些瑕疵?(　　)

A. 指纹　　B. 划痕　　C. 灰尘

D. 变形的缝纫线　　E. 表面肌理

(5) 图层合成的过程不包括下列哪项工作?(　　)

A. 抠图处理　　B. 瑕疵处理　　C. 光影融合　　D. 细节改进

2. 判断题

(1) 同金属镜面反射和漫反射的属性相同,皮革也会根据其表面粗糙程度不同,出现磨砂质感、胶衣或漆皮光滑质感。(　　)

(2) 在 Photoshop 修图工具中的液化命令实际上是一种瑕疵处理工具,能够将图像按特定要求进行污点修复处理。(　　)

(3) 在精修中,顺应商品图片表面的光影变化,在适当的位置添加高光和阴影,能够提升商品的整体真实感。(　　)

(4) 在商品图片精修中,图像合成的过程,按照先后的顺序主要分为瑕疵处理、光影融合、细节改进。(　　)

(5) 合成中常用的抠图方式有魔棒工具、磁性索套、通道工具等。(　　)

3. 填空题

(1) 合成中常用的抠图方式有__________、__________、__________三种方法。

(2) 皮革表面越__________,漫反射__________,高光__________;皮革表面越__________,镜面反射越__________,高光和交界线的形状越__________。

(3) 皮革材质表面大都呈____________,大部分材质由于本身质地柔软,易__________,因此其光影呈现__________状态,会形成__________的光影视觉效果。

(4) "画笔大小"的数值设置应随调整区域的变化而__________,压力不可过__________,过__________会挤压包体细节,损失质感。

(5) 由于合成完的图存在明显的分界线,在调整完光影后需要让场景内的素材达到更多的交互,通常会应用__________或__________工具对图片的边缘进行修饰,使两者更加融洽。

任务3　软面亚光材质商品图片精修

学习目标

知识目标

- 知道软面亚光材质概念;
- 理解软面亚光材质特点(形状、光影);

- 知道“操控变形”的使用方式；
- 掌握“中性灰”精修的用法。

能力目标

- 能够对软面材质商品进行形体判断及矫正；
- 能够使用“中性灰”方法，根据商品基础处理褶皱及光影。

素质目标

- 提高分析问题、解决问题的能力；
- 培养学生要做到耐心、细心，培养学生用心做好一件事的品质。

任务清单1　任务分析表

项目名称	任务清单内容	
任务情景	云商拍摄文化有限公司是一家从事电子商务服务的公司，主要为客户提供商品静物拍摄并对后期图片进行精修处理。本期客户提供了一件红色刺绣衬衣的假模特实拍图，针对实拍图提出了以下修图要求： ①去除模特假体； ②完成瑕疵与褶皱的处理； ③提高衣服边缘的整齐度； ④调整整体形态，体现商品纹理质感与立体感。	红色刺绣衬衣实拍图
任务目标	完成红色刺绣衬衣实拍图的精修。	
任务分析	问题	分析
	商品拍摄图背景是否干净、整洁？	
	在商品拍摄图中，一些多余的物体是否有必要存在？去除道具后，会有什么结果？如何处理？	
	商品是否存在瑕疵、褶皱？	
	商品整体轮廓是否整齐、美观？	

学习活动 1　软面亚光材质的矫正处理

1. 软面材质的特点

材质较软的商品，容易因为折叠、运输等原因造成轮廓的扭曲，轮廓过于扭曲或褶皱较多会给人以一种商品陈旧、低劣的视觉感受，影响购买者对该商品的印象。因此在对材质较软的商品进行精修时，一般都习惯使用“液化”“操控变形”“修复画笔工具 / 修补工具”“中性灰”等工具或处理方法进行修图。

2. 操控变形的使用

Photoshop 的“操控变形”功能可以将图像转化为一种可视化形式的网格，我们可以在此网格的控制点上拖动需要扭曲变形的图像区域，而使其他区域保持不变。

（1）选择需要进行变形处理的图层，执行“编辑”→“操控变形”菜单命令，此时该图层已经布满了网格，如图 2.3.1 所示。

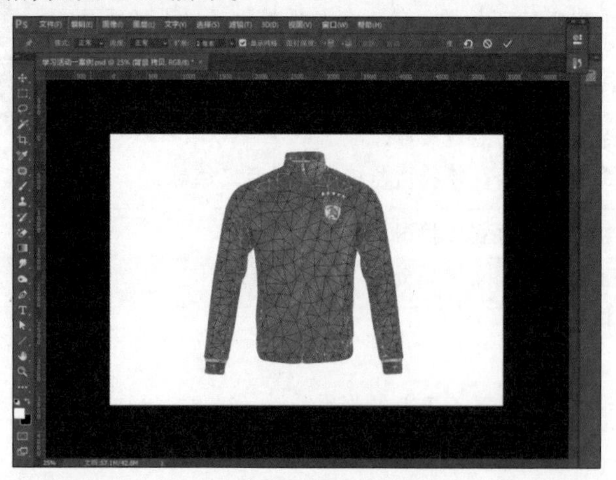

图 2.3.1　操控变形界面

（2）在网格交汇处单击添加“控制点”，或者叫“图钉”。当然，往网格内添加“图钉”也是可以的，如图 2.3.2 所示。

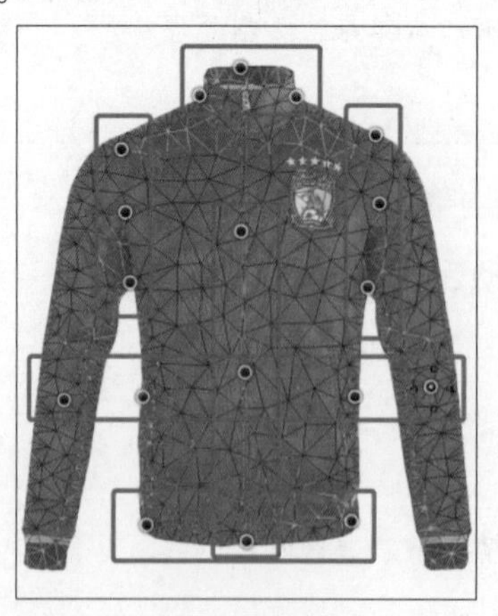

图 2.3.2　图钉位置

（3）添加好“图钉”后，按住鼠标左键拖拽“图钉”的位置，图像就会产生变形效果，如图 2.3.3 所示。使用同样的方法进行操作，直到效果满意后按“Enter”键确定变形效果，如图 2.3.4 所示。

图 2.3.3　调整前　　图 2.3.4　调整后

操控变形功能的选项栏设置，如图 2.3.5 所示。

模式: 正常　浓度: 正常　扩展: 2 像素　显示网格　图钉深度:　旋转: 自动　0　度

图 2.3.5　操控变形选项栏

模式：目前有“正常”“刚性”“扭曲”3 种模式。

- 正常：变形效果比较精确，图像过渡效果也较柔和。
- 刚性：使变形效果比较精确，但是图像过渡不是很柔和。
- 扭曲：可以在变形的同时创建透视效果。

浓度：共有“正常”“较少点”“较多点”3 种。

扩展：用来设置变形效果的衰减范围。

显示网格：控制是否在变形图像上显示出变形网格。

图钉深度：前提需要选中一个“图钉”。

将图钉前移按钮：可以将选中的图钉向上层移动一个堆叠顺序；将图钉后移按钮：可以将选中的图钉向下层移动一个堆叠顺序。

旋转：有“自动”和“固定”两个选项。

自动：在拖拽图钉变形图像时，系统会自动对图像进行旋转处理；固定：选中后，在输入框中输入具体旋转角度即可，用于设置精确的旋转角度。

学习活动 2　软面亚光材质的褶皱与光影处理

1. 软面亚光材质光影的特点

软面亚光材质的商品表面以漫反射为主，亮部与暗部之间没有明确的分界线，过度缓和。通常我们说的软面亚光材质有棉麻布丝绸，常应用于服饰、包包等品类中。棉麻布丝绸特征多种多样，各有差别。棉麻布丝绸不透明，但薄时缝隙会透光见背景，单条布丝太细，产生半透明错觉。棉麻布丝绸厚度、硬度、粗糙度各异，可裁剪、扭曲、折叠、连接、捆绑等制作多种形状，会出现易变形、产生褶皱与折痕的情况，褶皱与折痕会使商品整体光影关系变杂乱进而影响视觉效果，因此在精修此类商品时需处理折痕与褶皱。

- 折痕：某处长期折叠或用力按压；越软薄则转折越快；越硬厚则转折越慢。
- 褶皱：因受重力与硬度撑力影响形成；粗细、长短、深浅各异；越软薄则褶皱越多；越硬厚则褶皱越少。
- 褶皱位置：始于着力点，向外展开（如腰带绑披风、腋下等）。

褶皱种类共5类：堆积褶皱：将平展的布料向内推产生（如乱被单）；挤压褶皱（如腋下）；松挂褶皱（如长裙）；支撑褶皱（如手臂）；混合褶皱（受多种影响产生）。

- 褶皱处理：在视觉上，物体的凹凸部位在光影的影响下，凸面为亮面、凹面为暗面，从而形成了一个褶皱，如图2.3.6所示。因此在精修处理褶皱时，可以考虑通过调整褶皱部分的明暗，来达到消除褶皱的目的。折痕同理。

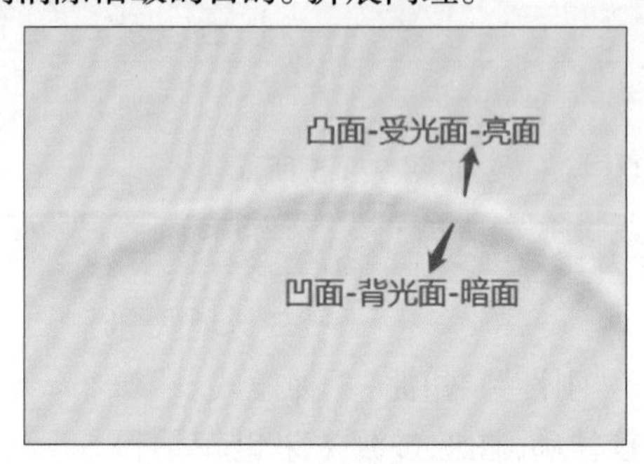

图2.3.6　褶皱简化光影图

2."中性灰"的概念

"中性灰"在RGB色彩模式下，指的是R：G：B=1：1：1，即红绿蓝三色数值相等，即为中性灰。当R=G=B=128，被称作"绝对中性灰"。中性灰主要用于图像的校色，图像中色调包括了高光、暗调、中间调，对应于Photoshop曲线中的白场、黑场、灰场。通过设置图像中的白场、黑场和灰场来达到让图像中色彩平衡的目的。通常白场点和黑场点有两种获取方式，一种是通过肉眼观察得到在图像最亮的区域中的点为白场点，最暗的区域中的点为黑场点；另一种获取方式是通过中性灰与阈值的调节得到精确的白场点和黑场点。但图像色彩校正最关键是要找到图像中的灰场点，而灰场点需要通过中性灰（50%灰色）图层与原图像图层通过差值混合模式进行混合后，调整阈值来得到，一旦找到灰场点，再通过曲线设置灰场，则可实现图像的校色。

3.中性灰在商品精修中的应用

（1）用于人像皮肤处理：Photoshop中的中性灰的功能非常强大，可以用于调整图像中某些元素的亮度，局部加光减光，可以用于调整人像的皮肤以获得更真实、更细腻的皮肤质感。

（2）用于褶皱修复："中性灰"在处理材质较软的商品时，借用其可以对画面颜色加深或减淡的作用，可以降低画面的明暗对比度，削弱立体感，以达到修复褶皱、让画面看起来柔和的效果。

（3）用于光影处理：软面材质的商品修图有别于化妆品、电器等硬材质的商品修图。对软面材质的商品的光影处理主要用“中性灰”的处理手法，这样得到的光影柔和而自然，无明显的光影层次和过渡效果。

活动实操

褶皱与光影处理

（1）分析出商品中需要处理的褶皱。为了体现服饰的立体感与画面的变化，使图片不会显得太平，不是一味地消除商品中的所有褶皱，而是有所判断地“取其精华、去其糟粕”。在图 2.3.7、图 2.3.8 中，经过初步的处理与分析，拟处理红框中的褶皱部分。

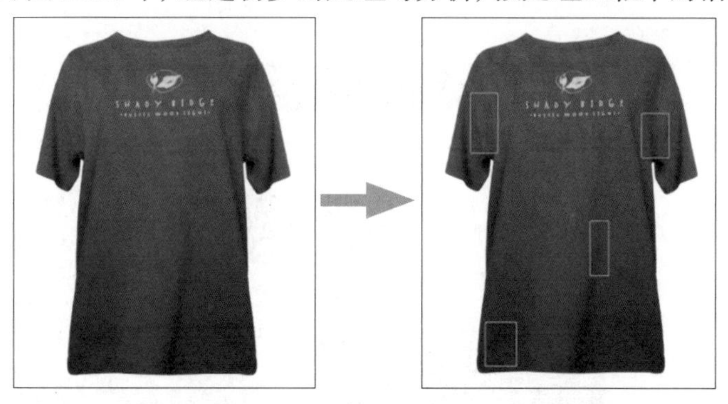

图 2.3.7　褶皱处理分析 1　　　图 2.3.8　褶皱处理分析 2

（2）使用组合键“Ctrl+Shift+N”新建图层，在新建图层的面板中将模式改为“柔光”，勾选下方的“填充柔光中性色（50% 灰）”，建立起中性灰操作图层，如图 2.3.9、图 2.3.10 所示。

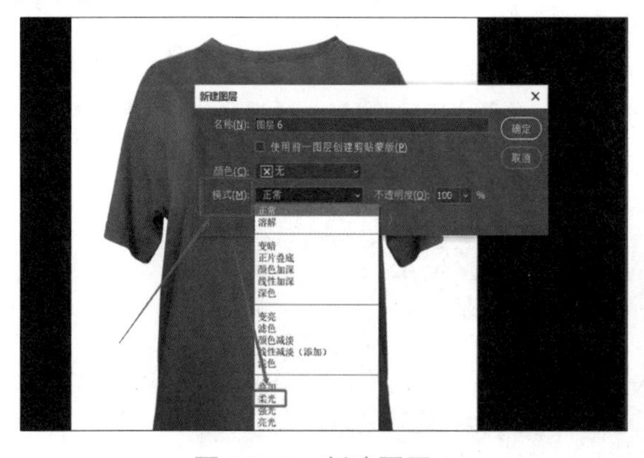

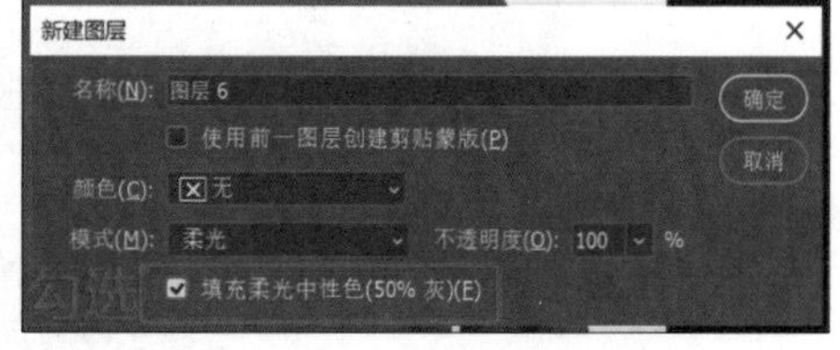

图 2.3.9　新建图层　　　图 2.3.10　勾选填充中性色

（3）建立一个黑白的观察组。建立黑白观察组利于操作者掌握原图的光影关系，帮助操作者观察褶皱的处理情况。先建立第一层图层：选择“创建新的填充或调整图层”→“渐变映射”→属性选择“黑白渐变”。再建立第二层图层：选择“纯色”→选择拾色器左下角的“黑色”；混合模式改为“柔光”。将两个图层建组，命名为“观察组”。渐变映射和颜色填充这两步是为了在调节中性灰的时候更加准确而做的。如图 2.3.11—图 2.3.14 所示。

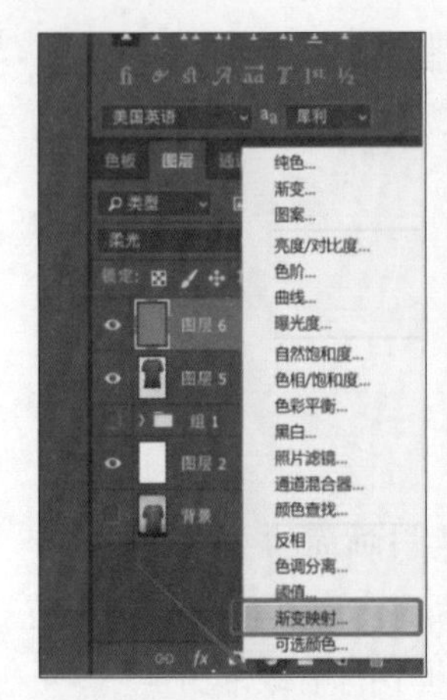

图 2.3.11　创建渐变映射

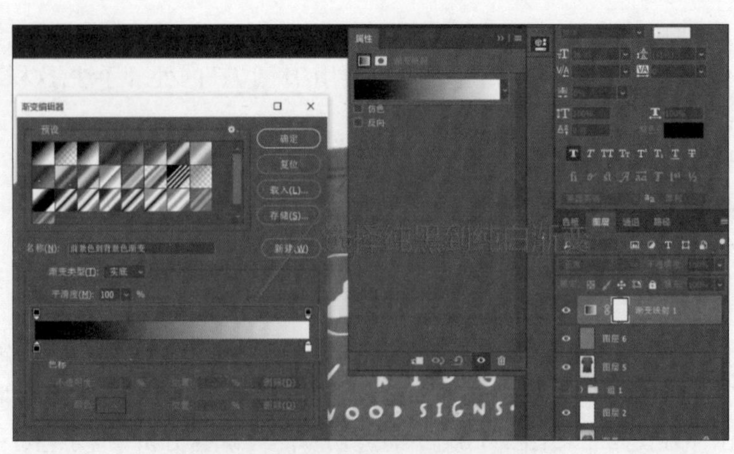

图 2.3.12　属性选择黑白渐变

图 2.3.13　创建纯色

图 2.3.14　选择黑色并修改混合模式为柔光

（4）选中“中性灰”图层 6，选中画笔工具，将前景色、后景色调为黑白，白色代表提亮减淡，黑色代表压暗加深。通过借助观察组判断需要处理的褶皱三大面，将褶皱位置的亮面用黑色画笔压暗；背光的暗面则用白色画笔提亮。注意：画笔不透明度尽量小些，10%~15% 较为适中，让颜色深和浅能很好地过渡，如图 2.3.15—图 2.3.19 所示。

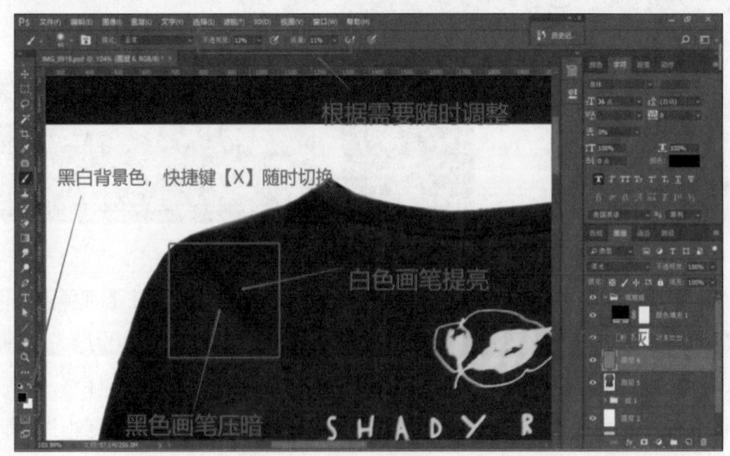

图 2.3.15　借助观察组，调整画笔，选择需要处理的褶皱

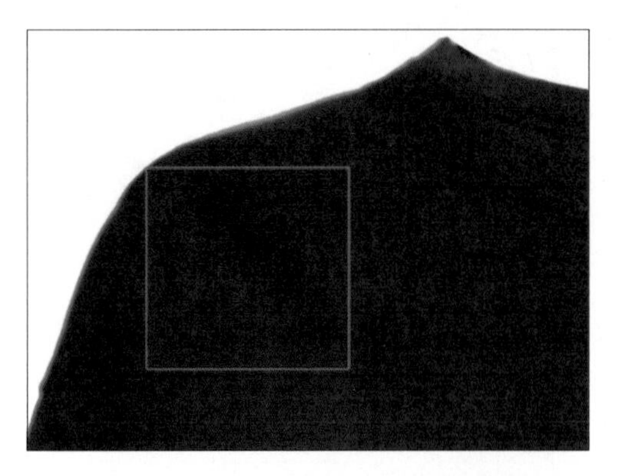
图 2.3.16　观察组视角（调整前）

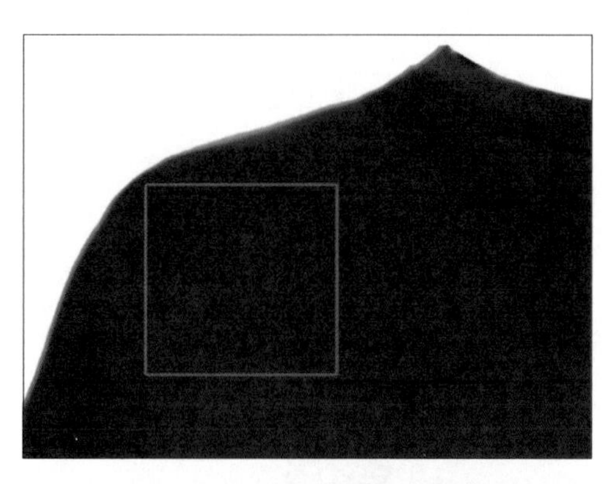
图 2.3.17　观察组视角（调整后）

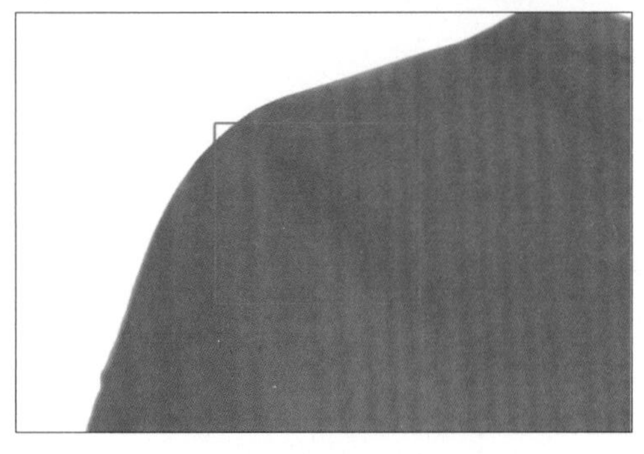
图 2.3.18　关闭观察组（调整前）

图 2.3.19　关闭观察组（调整后）

（5）处理完褶皱以后，继续在“中性灰”图层针对衣服的高光与暗面用画笔进行强化，增强立体感，最终效果对比如图 2.3.20、图 2.3.21 所示。

图 2.3.20　精修前

图 2.3.21　精修后

任务清单2　任务实施表

	任务内容	操作目标	方法	操作效果
任务实施	完成对以下商品实拍图的精修。	例：抠图去底等具体的操作目标。	“钢笔工具”抠图等具体操作方法。	
任务总结	通过任务的实施，请勾选你认为已经掌握的知识或技能目标。 (　　) 已了解软面亚光材质的特性； (　　) 已掌握操控变形的处理方法； (　　) 已了解中性灰的使用要点； (　　) 能够选取适当的方法进行商品结构形态的完善； (　　) 能够使用“中性灰”方法处理商品的褶皱、强化光影。			

	序号	处理操作	完成情况	标准分	评分
任务点评	1	商品图褪底，白底图。		10	
	2	商品图整体轮廓及液化调整。		10	
	3	商品图衣领底合成。		15	
	4	商品图瑕疵、褶皱及光影处理。		15	
	5	商品图整体美化调整。		10	
	6	工单填写。		5	
	7	团队合作，沟通表达。		5	
	8	美工素养（严谨、诚信、耐心、精益求精）。		10	
	9	合计			
	10	教师评语			

实操锦囊

1. 分析图片

服饰类商品拍摄时为了展现立体感，通常会利用模特拍摄，与真人模特相比，假体模特会更加经济实惠；但假模特有时会降低图片的精致度。吸光类材质光感较弱，因此质感与立体感不够突出。服饰类商品质地柔软容易出现褶皱、轮廓变形。

图 2.3.22　红色刺绣上衣实拍图

在周围环境的影响下，该商品实拍图（见图 2.3.22）反映出了以下几个问题：

（1）原图光泽度不够，凸显不出商品的光感；

（2）假体模特降低图片精致度；

（3）商品边缘轮廓不整齐，两边衣袖不对称，褶皱较多；

（4）商品光感不明显，没有凸显商品质感。

2. 矫形去底

（1）在 Photoshop 中选择“文件”→“打开”，找到文件所在位置，打开商品图，使用快捷键“P”钢笔工具，先将商品进行褪底。在进行抠图时结合前期分析，计划将右边衣袖及腰身抠出后翻转到左边腰身与衣袖的位置进行合成，使衣服更加对称美观。因此在去底时注意将假模特及左边衣袖与腰身剔除。同时为了分别处理腰身的轮廓、右边衣袖的轮廓，在使用钢笔工具时可以将两个结构分开。褪底后再抠出的图层下新建一个白色背景，如图 2.3.23—图 2.3.25 所示。

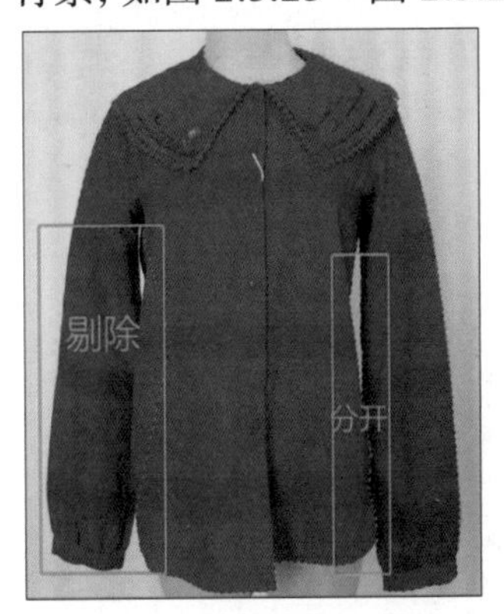

图 2.3.23　抠图分析

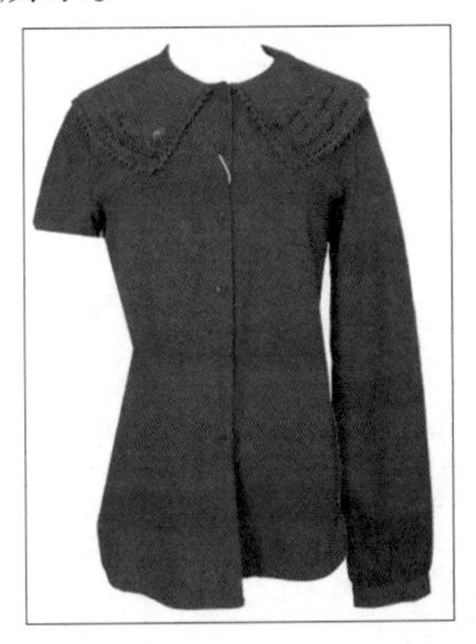

图 2.3.24　去底图

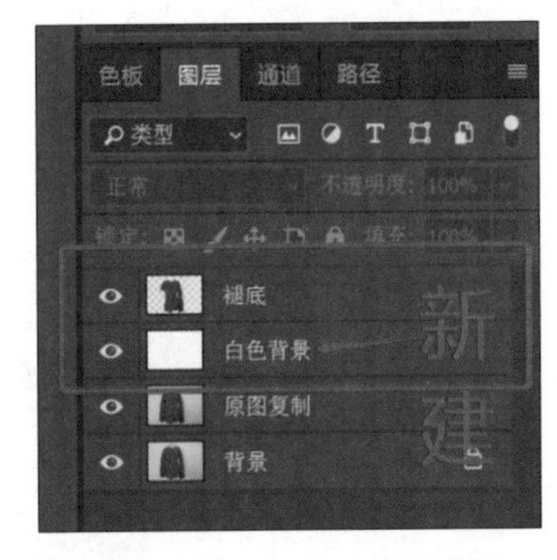

图 2.3.25　新建白色背景

（2）按“Ctrl+R”快捷键，导出参考标尺，针对商品建立参考线，方便观察衣服的横平竖直，利用“液化工具”对商品进行形态的处理。为了便于使用“液化工具”处理腰身与衣袖的边缘轮廓，将右衣袖与腰身分开，单独衣袖部分抠出处理，如图 2.3.26、图 2.3.27 所示。

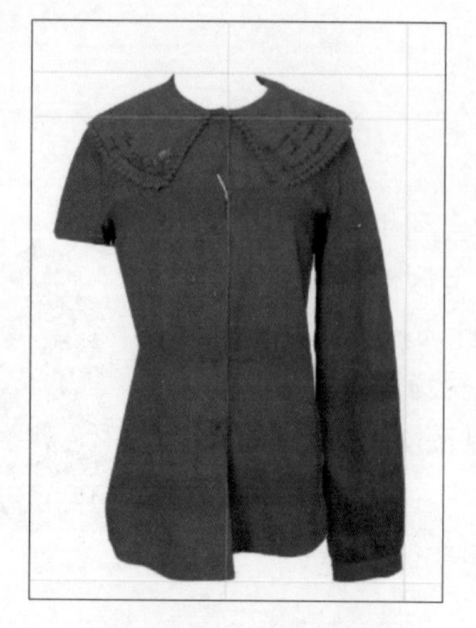

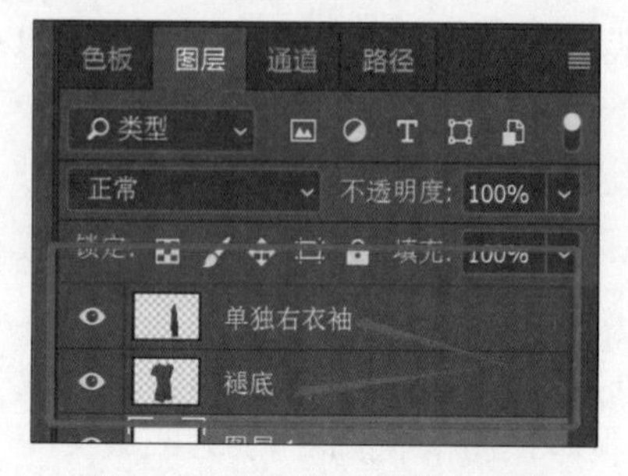

图 2.3.26 拉参考线

图 2.3.27 分开衣袖与腰身

（3）选择褪底图层，打开“滤镜”下拉菜单，选择“液化工具”。使用向前变形工具液化调整边缘，光笔大小可随时根据需要调整，光笔压力应在 20~30，否则压力太大容易变形。针对轮廓较为不平整的结构进行液化，如图 2.3.28—图 2.3.32 所示。

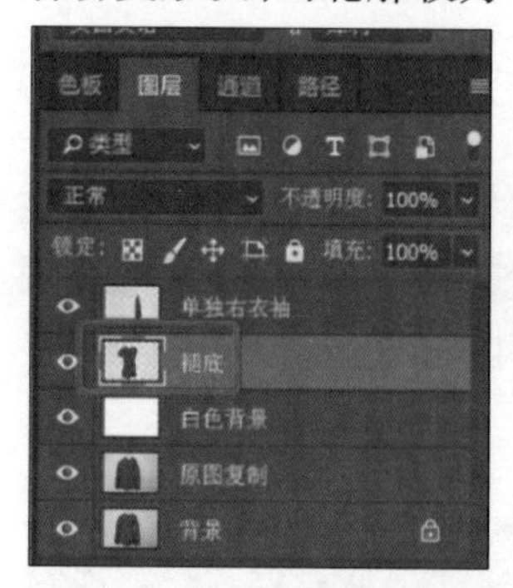

图 2.3.28 选择该层

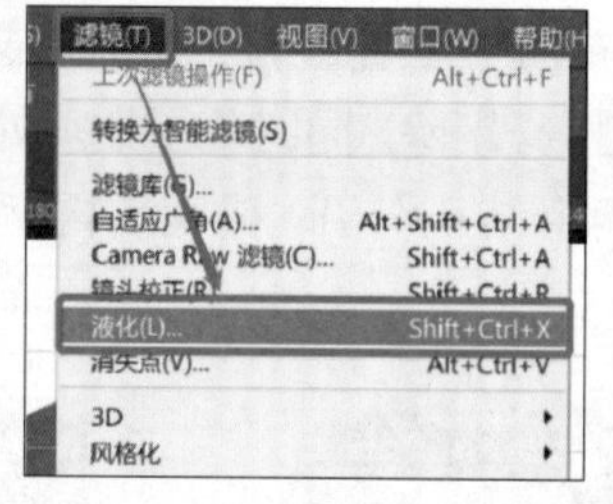

图 2.3.29 找到液化

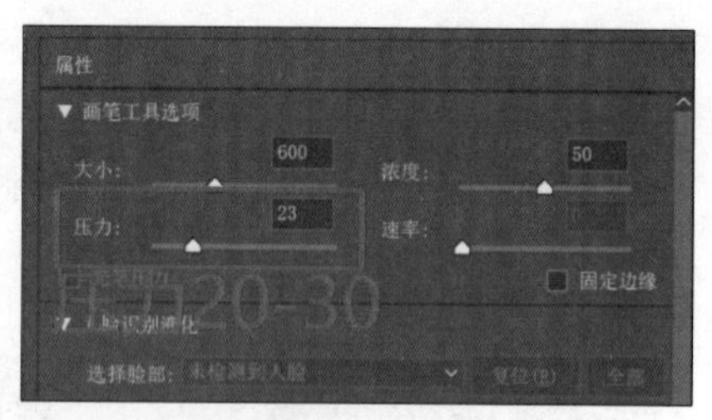

图 2.3.30 控制压力

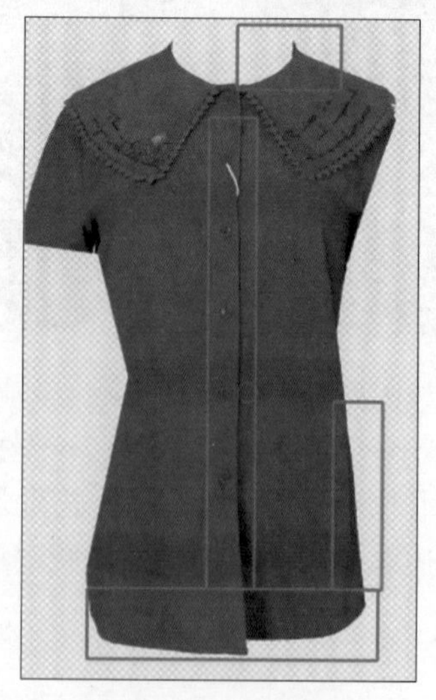

图 2.3.31 液化点

图 2.3.32 液化效果

■ 更多步骤与操作视频请扫码查看。

红色刺绣衬衣精修更多步骤

红色刺绣衬衣精修操作视频

优秀案例赏析

图 2.3.33　实拍图

图 2.3.34　精修图

图 2.3.33 原图分析：

（1）背景太灰，画面不够干净；

（2）衣服褶皱较多，显得衣服陈旧；

（3）两边衣袖不对称；

（4）衣服轮廓不够平整，没有秩序美感。

图 2.3.34 精修图处理：

（1）抠图褪底，给商品换上一个干净的背景；

（2）通过仿制图章、修补、中性灰等方式处理衣服褶皱，同时能够进行取舍，保留部分褶皱，更为自然；

（3）将左边衣袖抠出后翻转到右边衣袖的位置，进行合成，使两边衣袖对称；

（4）使用液化等方式调整衣服整体轮廓，使商品图更加平整，有秩序美。

能力迁移

任务描述：根据以上实训任务进行总结，结合所学内容，填写任务总结分析表，完成红色运动外套商品图的精修。

任务清单3　任务总结分析表

<table>
<tr><th colspan="3">任务清单</th></tr>
<tr><td>任务内容</td><td colspan="2">完成红色运动外套商品精修。</td></tr>
<tr><td>商品实拍图</td><td colspan="2"></td></tr>
<tr><td>要求</td><td colspan="2">请根据所学，分析该商品实拍图中存在的问题，并撰写拟使用的解决方法。</td></tr>
<tr><td rowspan="4">任务分析</td><td>精修内容</td><td>解决方法</td></tr>
<tr><td>例如：在实操案例中，商品主要从轮廓矫形、褶皱处理等方面进行精修。</td><td>例如：商品轮廓根据精修目标，采用操控变形的功能来使商品衣袖变圆润。</td></tr>
<tr><td></td><td></td></tr>
<tr><td></td><td></td></tr>
</table>

传承有我

追求极致的刺绣

刺绣是一种中国传统的手工艺，它做工精细，所呈现的图案效果非常精致、美观。刺绣工艺是以线代笔，通过多重彩色绣线的重叠、交错，使其色彩深浅交融，独具国画的渲染效果，具有绣面平服、针法精细、色彩鲜明等特点。

刺绣工艺流程：刺绣分设计、扎板、刷样、绣制、镶拼合成等工序。

设计：将商品构思画成图案。

扎板（刺样）：用刺样针，沿图案花纹轮廓线扎眼，要求针眼均匀。

刷样：将扎眼花纹图案印在纸上，或直接印在底布上，为绣制工序依据。

绣制（编结织）：根据纸样纹样及工种要求，施以编、结、织、绣不同的手法。

镶拼合成：将分片加工品缝合（连缀）在一起，形成一件完整的工艺品。

后处理：即经过染、洗、浆、烫，使商品挺括、平整、洁净。商品是否染洗，需依商品本身要求而成品验收：为最终商品质量保障工序。对于不合格商品，可退回原工序返修。

整装：符合质量要求的商品，包装入库。

刺绣设计感在服饰单品上的呈现，可以说是十分精致高级的，对于个人的品位也有着很大的提升作用。商品图片精修在工作过程对工作者也提出这样追求极致与精致的要求，只有给予足够的耐心、细心，才能达到精致美观的效果。

行业观察

VR 购物

随着新时代经济的发展，国内不断涌现出各种新兴产业，而网络购物也以一种新兴的经济形态走进人们的生活，极大地提高了人们的生活水平。同时，国内的创业热潮也更加推动了国内 VR 行业的发展，而且 VR 近几年的表现已经证明了它的无限潜力，各行各业都想利用 VR 所具备的沉浸性、交互性、构想性的与众不同特点尝试进行产业转型与创新升级，而在网购领域中，各大企业也正积极改变策略，尝试将体验作为产出，并提出了 VR 网购。

呈现方式的不同。现在商品的展示方式有两种，一种是图片，另一种是视频。这在 VR 电商平台上，商品就是三维模型，随着建模技术的增强，商品在 VR 电商平台就越显真实，二维和三维的效果完全不同，三维的模型加上沉浸式的体验，顾客可以更好地去挑选适合自己的商品而不至于由于感官错误买了不适合的商品。

浏览方式的变化。我们现在在网上购物是浏览网页，而成熟的 VR 电商平台是可以做到把线下的购物体验模拟到 VR 上，我们可以像逛商场一样地去逛平台，这种颠覆性的体验式消费将在感官上刺激消费者，吸引消费者。

更绚丽的设计。在 VR 平台上，更绚丽多彩的装修设计替代现在对于网页的布局设计，店主可以通过营造适合购物的氛围来提高交易的成功率，这原本是线下实体店所用的手段，在 VR 平台上可以照搬过来。而且在 VR 平台上，可以采用设计好的导购 AI 机器人，让顾客体验到更加人性化的设计，总的来说，VR 平台的设计会更加和谐，更加利于交易。

随着 5G 技术的来临，硬件设备不断地完善，VR 技术的火热发展，人们对虚拟现实体验兴趣不断增长，推动下一代物联网诞生，它会链接我们周围的物体，成为我们交流生活的一部分，或许在未来，VR 购物能够替代传统网络购物，成为新一代的购物方式。

课后练习

1. 单选题

（1）软面材质主要指以下哪一种商品？（　　）

A. 服饰商品　　B. 金属刀具　　C. 玻璃杯　　D. 充电宝

（2）从光影的角度看，褶皱产生的原因是什么？（　　）

A. 物体的形态在光影照射下产生了三大面

B. 物体的形态在光影照射下产生了亮面

C. 物体的形态在光影照射下产生了暗面

D. 以上都是

（3）中性灰是指新建图层时，填充（　　）% 的灰色。

A. 20　　B. 55　　C. 60　　D. 50

（4）“操控变形”功能可以将图像转化为一种可视化形式的（　　）。

A. 参考线　　B. 标尺　　C. 网格　　D. 表格

（5）当 R=G=B=（　　），被称作“绝对中性灰”。

A. 100　　B. 50　　C. 128　　D. 256

2. 判断题

（1）中性灰在精修中的应用包括修人像、修瑕疵、修结构。（　　）

（2）软面材质的商品具有容易扭曲变形、容易产生褶皱的特性。（　　）

（3）在处理商品的边缘轮廓时，可以采用修复画笔工具。（　　）

（4）软面亚光材质通常有棉麻布丝绸，常应用于服饰、包包等品类中。（　　）

（5）为了体现服饰的立体感与画面的变化，应该消除商品中的所有褶皱。（　　）

3. 填空题

(1)处理软面材质商品的褶皱时,可以使用________、________、________等方法。

(2)在中性灰图层中,使用白色画笔进行涂抹代表________,使用黑色画笔涂抹代表________。

(3)材质较软的商品,容易因为________、________等原因造成轮廓的扭曲。

(4)褶皱是因受________与________影响形成;粗细、长短、深浅各异;越软薄则褶皱越多;越硬厚则褶皱越少。

(5)Photoshop 的“操控变形”功能可以将图像转化为一种________形式的网格。

任务4 毛绒材质商品图片精修

学习目标 

知识目标

- 掌握毛绒类商品褪底的方法;
- 清楚毛绒类商品成像特点;
- 掌握商品倒影绘制的方法;
- 掌握增强毛绒质感的方法。

能力目标

- 能够使用 Photoshop 工具实现毛绒类商品图片的褪底处理;
- 能够使用 Photoshop 工具实现毛绒类商品图片光感的处理;
- 能够使用 Photoshop 工具实现商品图片倒影的绘制;
- 能够使用 Photoshop 工具实现毛绒类商品图片质感的处理。

素质目标

- 培养学生反思总结能力;
- 加强学生自身修养,培养“自立自强、尚勇好学”的中华民族传统美德;
- 培养学生的敢于创新求变的意识。

任务清单 1　任务分析表

项目名称	任务清单内容	
任务情景	甲方最近上新一款毛绒小熊玩具，已完成毛绒小熊玩具的图片拍摄，现需要将实拍图进行精修并运用于商品主图与详情页设计中。针对该商品实拍图提出了以下修图要求： ①背景过暗，商品需抠图褪底； ②调整小熊玩具的形态使其对称； ③去掉多余的线头； ④制作商品倒影； ⑤加强商品毛绒质感。	小熊玩具实拍原图
任务目标	完成毛绒小熊玩具图的精修。	
任务分析	问题	分析
	针对毛绒类商品如何进行背景褪底？	
	如何调整毛绒小熊玩具形态？	
	怎样能使毛绒小熊玩具左右对称？	
	怎么去掉多余的线头？	
	怎么制作毛绒小熊玩具的倒影？	
	如何加强毛绒小熊玩具质感？	

学习活动 1　毛绒材质商品图片的抠图方法

1. 毛绒类商品的材质特点

毛绒类材质商品为吸光类商品，该类商品的材质特点通常较柔软，形状结构多变，而毛绒类玩具是最为常见的毛绒材质商品。毛绒玩具也叫填充玩具，是指用各种 PP 棉、长毛绒、短毛绒等原材料进行剪裁、缝制、装饰、填充、整型、包装等步骤制作而成的玩具。市面上常见的毛绒玩具面料主要有密丝绒、天鹅绒、孔雀绒、蜜桃绒、松针绒、鱼骨绒、PV 绒以及上述面料的特殊处理。大部分面料的共性都是表面呈毛绒状，故在处理毛绒材质商品的抠图时，必须注意商品边缘的处理，保证商品在褪底后边缘仍保持毛绒感。

在众多抠图常用的工具中，能够保证毛绒材质商品在褪底后边缘仍保持毛绒感的并不多，“通道抠图”的方法是最为常见的，褪底后的毛绒效果最佳。

2.“通道”的概念

“通道”具有储存颜色信息和选区信息的功能。以常见的 RGB 模式下的图片为例。RGB 色彩模式的图像有三个通道，分别存储图像中的 R（红）、G（绿）、B（蓝）色彩信息。在 Photoshop 中打开一幅图像时，会自动产生默认的 RGB 模式色彩通道，如图 2.4.1 所示。色彩通道的功能是存储图像中的色彩元素。图像的默认通道数取决于该图像的色彩模式，如图 2.4.2 所示。而每种颜色所占的比例则由黑、白、灰在通道中的体现。

图 2.4.1　通道

图 2.4.2　3 个通道的图层黑白关系图

3.“通道抠图”的具体方法

使用“通道抠图”方法是借助某个通道中的“黑、白、灰”关系来进行明暗调整，获得想要的选区。具体操作方法可参考以下案例：

（1）打开图 2.4.3，选择图层面板上的“通道”，再选择一个明暗对比度最强烈的“蓝”通道，用鼠标选中“蓝”通道，将其拖拽至下方“创建新通道”图标后松开鼠标，建立“蓝 副本”通道，如图 2.4.4 所示。

（2）按快捷键“Ctrl+M”调出“曲线”命令，将“蓝 副本”通道的对比度拉大，如图 2.4.5 所示。注意：除了毛绒玩具的其他区域不要变暗（如毛绒玩具投影部分），以免影响抠图区域，要把握好拉大对比度的程度。

图 2.4.3　实拍图

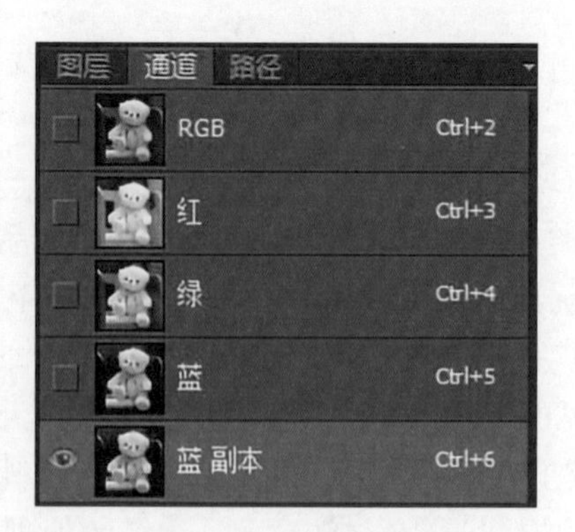

图 2.4.4　复制通道

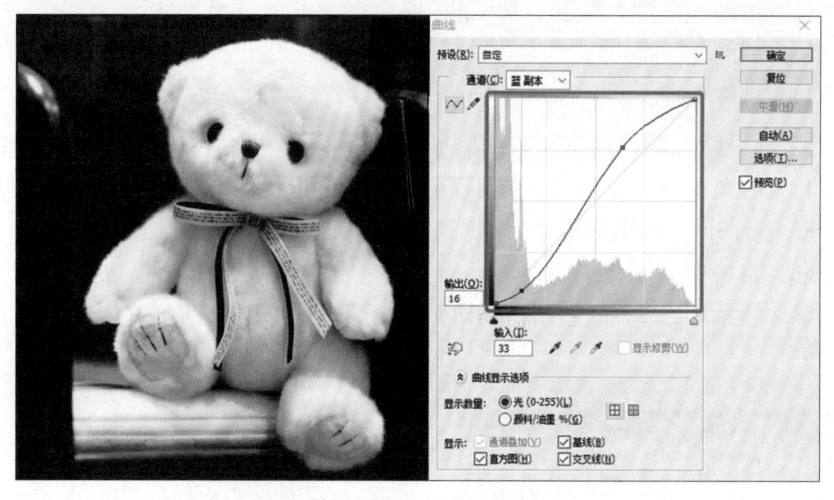

图 2.4.5　调整曲线

（3）选择“减淡工具”（快捷键“O”），对毛绒玩具边缘部分进行涂抹；使用“加深工具”对毛绒玩具外轮廓附近的背景部分进行加深，即减淡毛绒玩具部分，加深背景部分，如图 2.4.6 所示。注意调节属性栏中的“范围”与“曝光度”。在处理完商品边缘后，使用画笔工具（快捷键“B”），设置“画笔样式”为“硬边画笔”，“不透明度”与“流量”均为 100%，如图 2.4.7 所示。前景色设置为纯白色（R：255；G：255；B：255），涂抹毛绒玩具的区域，使得毛绒玩具全部变成纯白色，再将前景色设为纯黑色（R：0；G：0；B：0），涂抹剩余的背景部分，使背景区域为纯黑色，如图 2.4.8 所示。

图 2.4.6　加深减淡

不透明度：100%　流量：100%

图 2.4.7　画笔属性栏

图 2.4.8　效果图

（4）按住“Ctrl”键，单击“蓝 副本”通道载入选区，此时选区为白色部分区域。选择“RGB 通道”图层，关闭“蓝 副本”通道眼睛隐藏该通道，如图 2.4.9 所示。单击“图层”回到图层面板，按快捷键“Ctrl+J”将选区部分复制出来为“图层 1”，如图 2.4.10 所示。选择“背景”图层，按快捷键“Ctrl+J”复制图层并填充为黑色，观察抠图效果，如图 2.4.11 所示。完成毛绒玩具抠图，最终效果如图 2.4.12 所示。

图 2.4.9 载入选区

图 2.4.10 复制选区

图 2.4.11 复制并填充图层

图 2.4.12 最终效果图

通道抠图实操案例

学习活动 2 商品图片倒影处理

1. 商品倒影的成像特点

在商品拍摄中为了使商品更有质感和空间感，会采用倒影板（具有反光材质的板材，摄影一般采用亚克力倒影板或玻璃倒影板）进行拍摄，商品倒影也作为商品展示的一部分元素存在，如图 2.4.13 所示。即使商品拍摄图没有倒影，为了营造通透感和氛围感，在精修时也会给商品添加倒影，增加整体图片的质感，如图 2.4.14 所示。

商品倒影的特点是图像与商品一致，但呈现“上下颠倒”的形态，且图像没有真实商品清晰，属于一种虚像。如果商品为“平摄摄影”，即摄影（像）机与被摄对象处于同一水平线的一种拍摄角度，那么商品的倒影基本与商品成“轴对称”图形，且倒影的清晰度离接触面越远越模糊，如图 2.4.15 所示。

图 2.4.13　商品拍摄图

图 2.4.14　添加倒影效果图

图 2.4.15　倒影特点

2. 商品倒影的制作方法

（1）如图 2.4.16 所示，确保“商品”图层是抠图后的褪底图，与“背景”图层分开为两个图层，如图 2.4.17 所示。按快捷键“Ctrl+J”复制“商品”图层为“商品 副本”图层，移动至“商品”图层下方，如图 2.4.18 所示。

图 2.4.16　实拍图

图 2.4.17　图层

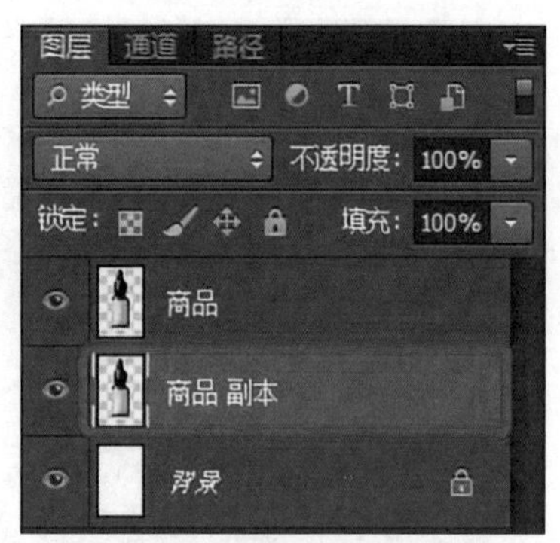

图 2.4.18　复制并移动图层

（2）按快捷键“Ctrl+T”进入自由变换，单击右键，选择“垂直翻转”，如图 2.4.19 所示，按“Enter”键确认变换。将图像往画布下方移动，使两个瓶子底部刚好接触，如图 2.4.20 所示。将该图层的“不透明度”改为 60%，如图 2.4.21 所示。

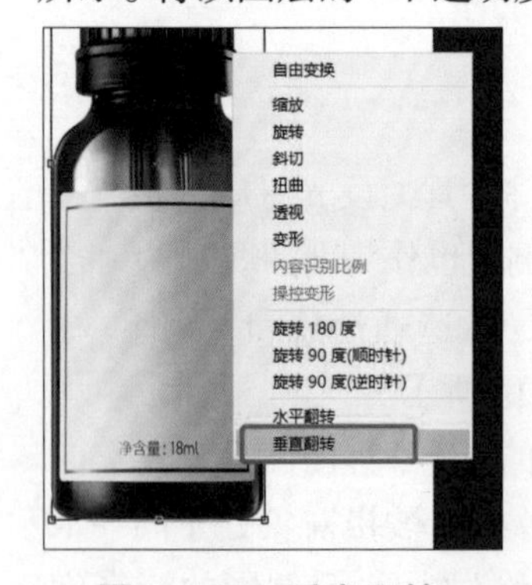

图 2.4.19　垂直翻转

图 2.4.20　倒影位置

图 2.4.21　不透明度

（3）单击“添加矢量蒙版”图标，给“商品 副本”图层添加图层蒙版，如图 2.4.22

所示。选择“渐变工具”，在属性栏设置渐变颜色样式为“前景色到透明渐变”，模式选择“线性渐变”，如图 2.4.23 所示。前景色设为“黑色”，在画布底部从下往上拉出渐变，制作商品倒影“从实变虚”的效果，如图 2.4.24 所示。商品倒影制作完成，最终效果如图 2.4.25 所示。

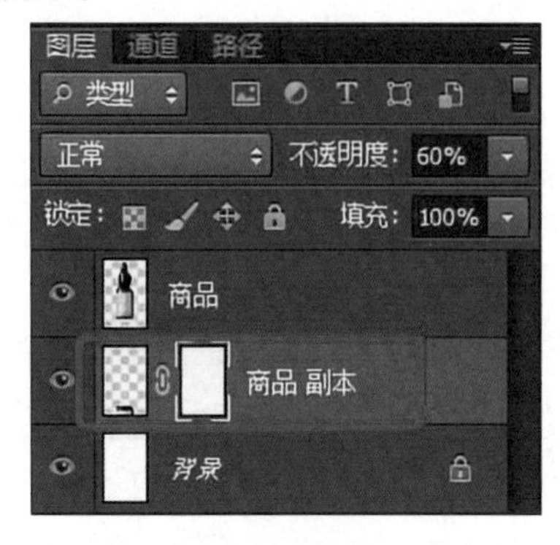

图 2.4.22　添加图层蒙版

图 2.4.23　渐变工具属性栏

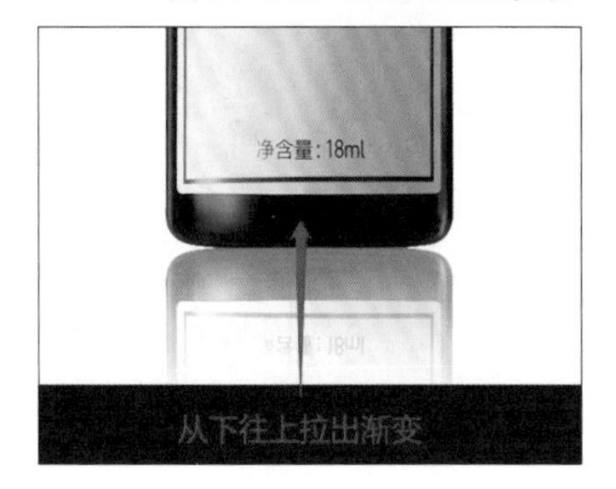

图 2.4.24　拉出渐变

图 2.4.25　最终效果图

商品倒影
绘制

学习活动 3　毛绒商品图片的清晰度处理

1.“增强画面质感”的方法

通常，设计师所说的“增强画面质感”就是指增强画面中人物或商品的表面纹理效果，使画面更清晰，细节更丰富，如图 2.4.26 所示。而摄影师在拍摄商品时，由于需要考虑的因素较多，拍摄出来的商品图在材质的清晰度上会有所欠缺，即缺乏材质特殊的纹理、质感的表现。

图 2.4.26　增强质感前后对比图

在修图工作中，修图师除了会使用“锐化工具”来使图像更清晰，更多地会运用“高反差保留”的方法来增强图像质感，提高清晰度。因为这种方法会更自然，比“锐化工具”处理的效果更佳。

2.“高反差保留”的具体操作方法

（1）如图 2.4.27 所示，按快捷键“Ctrl+J”复制“背景”图层为“图层 1”。在菜单栏执行“滤镜”→“其他”→“高反差保留”命令，如图 2.4.28 所示。在“高反差保留”对话框中设置“半径”为 2 像素（半径数值越大，反差程度越大），单击“确定”按钮，效果如图 2.4.29 所示。

图 2.4.27　商品原图

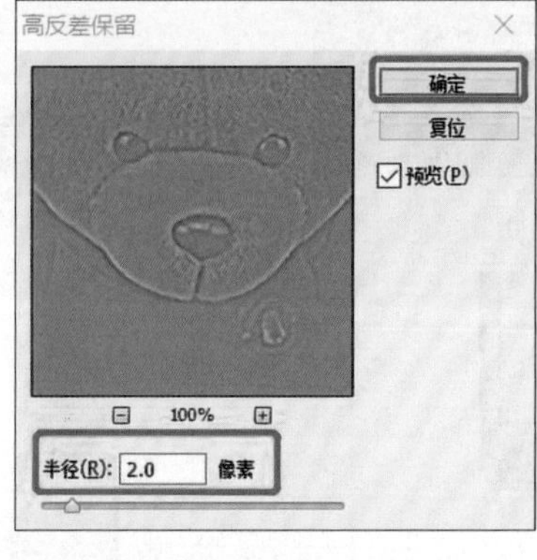

图 2.4.28　高反差保留

图 2.4.29　效果图

（2）如图 2.4.30 所示，在图层面板中将“图层 1”的图层混合模式改为“线性光”，修整后的效果对比如图 2.4.31 所示。

图 2.4.30　图层混合模式

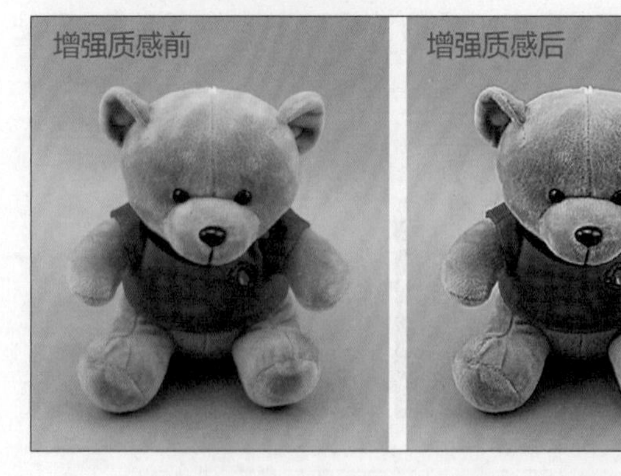

图 2.4.31　增强质感前后对比图

任务清单 2　任务实施表

	任务内容	操作目标	方法	操作效果
任务实施	完成以下商品实拍图的精修。	例：商品矫形。	使用“液化”工具。	

任务总结	通过任务的实施，请勾选你认为已经掌握的知识或技能目标。 (　　)掌握毛绒材质商品抠图褪底的方法； (　　)能够使用“通道抠图”方法完成毛绒玩具的褪底； (　　)能够使用“液化”工具完成商品的矫形； (　　)掌握商品倒影的成像特点； (　　)能够使用“高反差保留”的方法增强商品的质感。

	序号	处理操作	完成情况	标准分	评分
任务点评	1	商品图轮廓塑形美化。		15	
	2	商品图褪底，保持毛绒边缘，白底图。		20	
	3	商品结构对称优化。		20	
	4	商品毛绒质感的表现。		10	
	5	商品图光影表现符合商品特性。		15	
	6	工单填写。		5	
	7	团队合作，沟通表达　。		5	
	8	美工素养（严谨、诚信、耐心、精益求精）。		10	
	9	合计			
	10	教师评语			

实操锦囊

1. 分析图片

图 2.4.32　拍摄原图

通过分析原图（见图 2.4.32），结合商品精修五大核心要素，明显发现，商品图片有以下几个问题：

（1）商品轮廓不饱满；

（2）商品整体形态与局部耳朵部分左右不对称；

（3）商品鼻子部分位置倾斜；

（4）商品光感不强，画面偏灰；

（5）商品表面材质质感不强烈。

2. 毛绒小熊玩具褪底

（1）按快捷键“Ctrl+J”复制图层为“图层 1”，如图 2.4.33 所示。选择“通道”，选中对比度最为强烈的“蓝”通道，鼠标拖拽到图层面板下的“创建新通道”图标松开，创建“蓝 副本”通道，如图 2.4.34 所示。

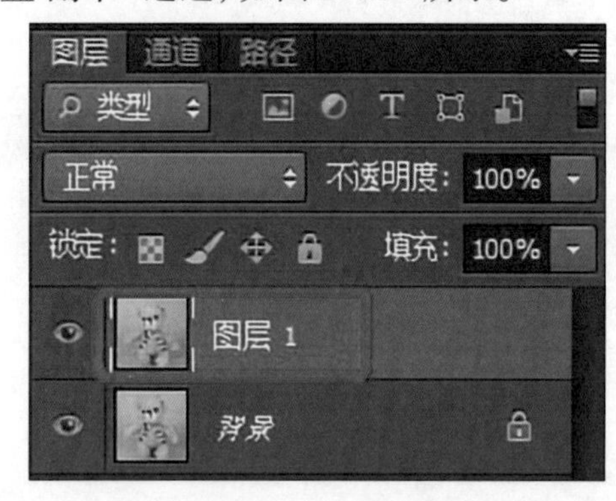

图 2.4.33　复制图层

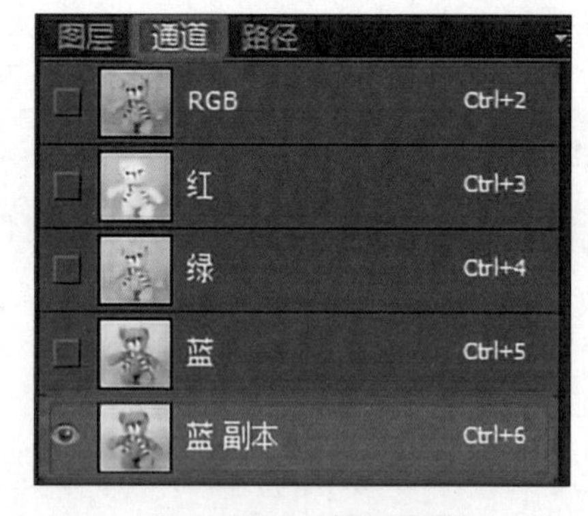

图 2.4.34　复制通道

（2）按快捷键“Ctrl+M”调出曲线，拉大画面对比度，调整好后单击“确定”按钮，如图 2.4.35 所示。在拉大对比度时注意小熊玩具底部与阴影的两部分颜色不要加得过深，以免两部分区分不开，如图 2.4.36 所示。

（3）使用“加深工具”（快捷键“O”），属性栏设置范围为“阴影”，“曝光度”为 30%，对小熊玩具部分进行涂抹加深，如图 2.4.37 所示。当加深玩具底部时不要涂抹过深，以免跟投影部分区分不开，如图 2.4.38 所示。先选择“减淡工具”，属性栏设置范围为“阴影”，曝光度为“50%”，如图 2.4.39 所示。将投影部分进行涂抹减淡，减淡后再使用“加深工具”重新对小熊玩具部分进行加深，如图 2.4.40 所示。

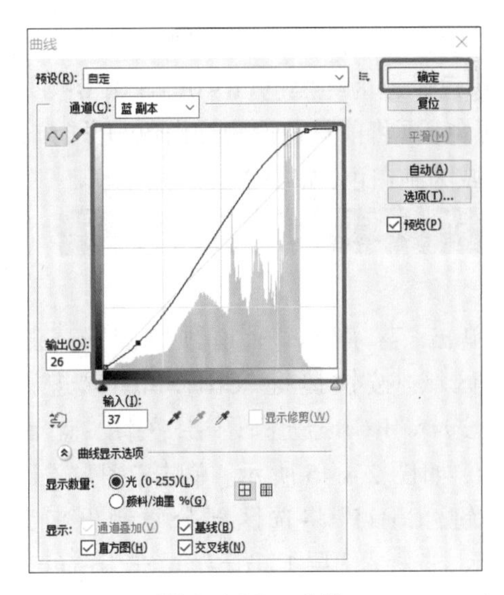

图 2.4.35　曲线

图 2.4.36　对比度调整注意区域

图 2.4.37　“加深工具”属性栏

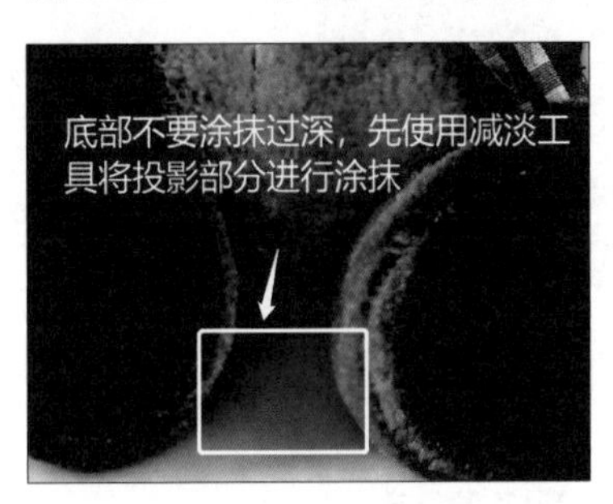

图 2.4.38　加深注意区域

范围: 阴影 曝光度: 50%

图 2.4.39　“减淡工具”属性栏

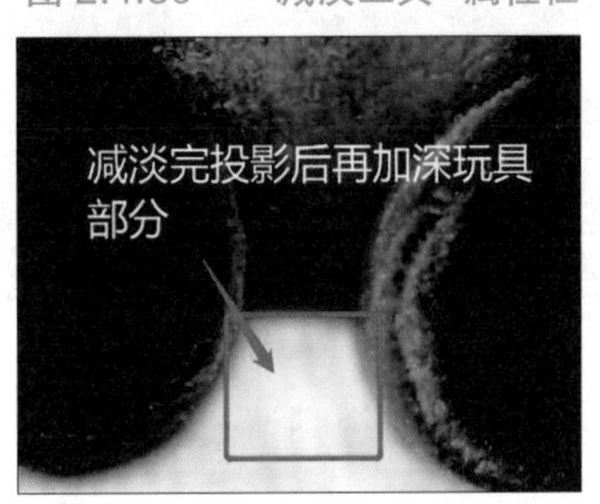

图 2.4.40　减淡投影后的效果

(4) 加深完小熊玩具边缘后，选择“减淡工具”，属性栏设置范围为“高光”，曝光度为“50%”，如图 2.4.41 所示。对玩具边缘的背景部分进行涂抹，直至玩具的所有边缘处背景减淡完成，如图 2.4.42 所示。

图 2.4.41　“减淡工具”属性栏

图 2.4.42　效果图

（5）选择“画笔工具”（快捷键“B”），属性栏设置“画笔样式”为“硬边圆”，不透明度与流量均为“100%”，如图 2.4.43 所示。将前景色设置为纯黑色（R：0；G：0；B：0），涂抹小熊玩具的区域，使得玩具区域全部变成纯黑色，再将前景色设为纯白色（R：255；G：255；B：255），涂抹剩余的背景部分，使背景区域为纯白色，如图 2.4.44 所示。

图 2.4.43　画笔属性栏

图 2.4.44　黑白调整效果图

（6）按住“Ctrl”键，单击“蓝 副本”通道预览图载入选区，此时选区为白色部分区域。按快捷键“Ctrl+Shift+I”进行反选，选择黑色部分区域。选择“RGB 通道”图层，关闭“蓝 副本”通道眼睛隐藏该通道，如图 2.4.45 所示。单击“图层”回到图层控制面板，按快捷键“Ctrl+J”将选区部分复制出来为“图层 2”，如图 2.4.46 所示。选择“图层 1”图层，填充为白色，商品褪底效果如图 2.4.47 所示。

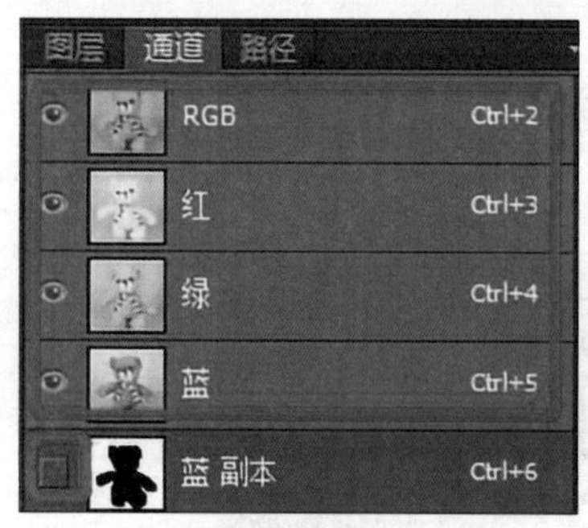

图 2.4.45　通道

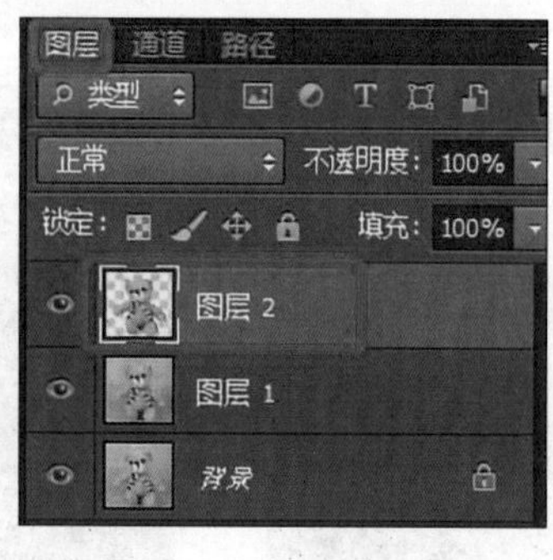

图 2.4.46　复制选区

图 2.4.47　褪底效果图

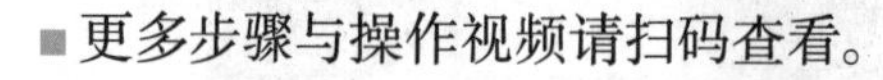

■ 更多步骤与操作视频请扫码查看。

毛绒小熊玩具精修更多步骤

毛绒小熊玩具精修操作视频

能力迁移

任务描述：根据以上实训任务进行总结，结合所学内容，填写任务总结分析表，完成毛绒围巾实拍图的精修。

任务清单3　任务总结分析表

<table>
<tr><th colspan="3">任务清单</th></tr>
<tr><td>任务内容</td><td colspan="2">完成毛绒围巾实拍图的精修。</td></tr>
<tr><td>商品实拍图</td><td colspan="2"></td></tr>
<tr><td>要求</td><td colspan="2">请根据所学，分析该商品实拍图中存在的问题，并撰写拟使用的解决方法。</td></tr>
<tr><td rowspan="6">任务分析</td><td>精修内容</td><td>解决方法</td></tr>
<tr><td>例：商品抠图褪底</td><td>通道抠图</td></tr>
<tr><td></td><td></td></tr>
<tr><td></td><td></td></tr>
<tr><td></td><td></td></tr>
<tr><td></td><td></td></tr>
</table>

行业观察

Getty Images（盖帝图像）是目前全球最大的图片分享交易公司，每天有来自世界各地的广告设计公司、媒体和普通用户从它这里下载图片。Getty Images 从几年前就开始留意哪些图片的下载率陡升，哪些图片不那么受欢迎，哪些图片人们更爱浏览。根据相关数据报告，有 6 种在过去一年内更加流行的图片。

1. 更抽象的概念图

品牌开始越来越多地关注消费背后的价值，以及品牌所能体现出的品质意图以及它与消费者的连接。所以不再是赤裸的买卖，一些看起来更“空”的意念冥想图也就越来越受欢迎了。

2. 人类使用科技商品的图

科技正在越来越多地影响人们的生活，因此“人”的概念也在不断地延展。那么，再出现人像照片的话，也是多多少少跟科技商品有关了。

3. 大尺度的图片

Getty Images 认为循规蹈矩的图片已经不受欢迎了，那些超出常规的图片也许更有市场。比如，它举出的这个例子是一个满身文身半裸露的肖像。按照之前的标准，这张照片可能会给人带来厌恶的感觉，但 Getty Images 觉得人们在图像中的宽容度正在升高。

4. 不完美的图片

人们对于绝对完美图像的观赏度正在降低。所以，当照片中的面容有脏物、污垢时，人们反倒欣赏了起来。

5. 热闹或者极简的图片

这两种完全不同的图片正在变得越来越受欢迎，但受欢迎的原因归根到底还是因为极端。简约的照片在诠释一个流行的名词“less is more”，而热闹的图片则是在传达一种反冷淡的美学。

6. 反映 1960 年代迷幻文化的图

越来越多的设计者和摄影师回到 1960 年代去寻找灵感，而那些重叠的、意识流的图像也就重新出现并成为一种潮流。

课后练习

1. 单选题

（1）以下哪种商品属于全吸光类材质？（　　）

A. 硬质塑料加湿器　　B. 磨砂金属保温杯

C. 玻璃瓶香水　　D. 针织毛衣

（2）以下对毛绒类商品的光影特点描述错误的是（　　）。

A. 毛绒类商品具有吸光的特点　　B. 毛绒类商品没有明暗面

C. 毛绒类商品没有明显的明暗转折　　D. 毛绒类商品基本没有反光

（3）关于毛绒类商品抠图的工具与方法正确的是（　　）。

A. 可以直接使用“钢笔工具”进行抠图

B. 基本选择“魔棒工具”进行抠图

C. 采用“通道抠图”的方法

D. 以上都对

(4) 关于商品“倒影”，以下哪个描述是正确的？(　　)

A. 倒影与商品呈“上下颠倒”　　B. 倒影就是商品的影子

C. 倒影都非常清晰　　D. 以上都对

(5) 若想将图像左右颠倒，具体操作步骤是(　　)。

A. 按快捷键“Ctrl+T”，单击右键，选择“垂直翻转”

B. 按快捷键“Ctrl+T”，单击右键，选择“水平翻转”

C. 按快捷键“Ctrl+T”，单击右键，选择“变形”

D. 按快捷键“Ctrl+T”，旋转角度

2. 判断题

(1) “套索工具”适合用于毛绒类商品抠图。(　　)

(2) 在使用“通道”抠图时可以结合“加深减淡工具”进行黑白图像的处理。(　　)

(3) 无论是什么商品都有亮面、灰面与暗面。(　　)

(4) 商品实拍图如果没有倒影，在精修时为了更美观，可以绘制商品倒影。(　　)

(5) 使用“液化”工具可以使商品更立体。(　　)

3. 填空题

(1) 毛绒材质商品为________类商品，在处理毛绒材质商品的抠图时，必须注意商品边缘的处理，保证商品在褪底后边缘仍保持毛绒感。在众多抠图常用的工具中，能够保证毛绒材质商品在褪底后边缘仍保持毛绒感的并不多，“________抠图”的方法是最为常见的，褪底后的毛绒效果最佳。

(2) ________具有储存颜色信息和选区信息的功能。RGB 色彩模式的图像有三个通道，分别存储图像中的________、________、________色彩信息。

(3) 商品“倒影”的特点是图像与商品一致，但呈现“________”的形态，且图像没有真实商品清晰，属于一种________。

(4) 如果商品为“平摄摄影”，即摄影（像）机与被摄对象处于同一水平线的一种拍摄角度，那么商品的倒影基本与商品成“________”图形，且倒影的清晰度离接触面越远越________。

(5) 在修图工作中，修图师除了会使用“锐化工具”来使图像更清晰，更多地会运用________的方法来增强图像质感，提高清晰度。

项目 3

透明类商品图片精修

学习目标

知识目标

- 掌握透明类商品成像特点；
- 掌握透明类商品的光影特点；
- 理解常见透明类商品的结构特点。

能力目标

- 能够利用 Photoshop 工具展现透明类商品实拍图中商品的通透性；
- 能够利用 Photoshop 工具展现透明类商品实拍图中商品的结构；
- 能够利用 Photoshop 工具完成透明类商品图片的色感处理。

素质目标

- 树立学生视觉营销的工作意识；
- 培养学生严谨求实的工作态度；
- 培养学生善于发现问题、分析问题、解决问题的能力。

项目思维导图

项目 3　透明类商品图片精修

- 任务 1　透明类玻璃商品图片精修
  - 学习活动　透明类商品结构的绘制
- 任务 2　透明塑料材质商品图片精修
  - 学习活动　瓶贴的添加
- 任务 3　半透明玻璃材质商品图片精修
  - 学习活动 1　玻璃材质的明暗交界线处理
  - 学习活动 2　玻璃材质的通透感处理
- 任务 4　内置吸管类玻璃商品图片精修
  - 学习活动　玻璃瓶身中吸管的处理

案例导入

某公司是一家生产、经营玻璃制品的企业，从一个区域性的单一工厂，发展成为行业中的知名企业，仅用了十年的时间。目前在国内多个省市有超过几十家生产基地，占有中国玻璃制品市场的多数份额。旗下拥有多个区域品牌，在中国众多的市场中处于区域优势。该企业玻璃类制品年产销量超过 690 万件，公司总产销量再度超越国内类似企业，成为中国销量最大的玻璃类制品企业。

当很多快速相似企业还奔波于电视广告轰炸和终端促销拼杀时，该企业已经开始进攻网络，别出新招。在网络操作理念上比较成熟，采取的营销策略在线上线下都取得了很好的传播效果。

在进行线上销售时，该企业注重对商品图的美化精修，从视觉营销的角度去提升商品的转化率，图 3.0.1 为该企业某个商品的实拍图与精修图的对比。

图 3.0.1　商品实拍图与精修图的对比

通过以上案例，请同学们思考并分小组讨论：

（1）请分析图 3.0.1 左图、右图的玻璃部分有何不同之处？

（2）精修图对比原图，玻璃部分做了哪些方面的优化？

（3）精修图体现了商品材质的哪些特点？

任务 1　透明类玻璃商品图片精修

学习目标

知识目标

- 理解透明类商品结构的表现方法。

能力目标

- 学会透明类商品轮廓的绘制方法。

素养目标

- 培养学生自主学习能力和知识应用能力；
- 培养学生独立工作能力。

任务清单 1　任务分析表

项目名称	任务清单内容	
任务情景	公司新招一批员工，要求跟着相关修图师跟岗学习，在岗期间进行透明类商品的精修方法的学习，熟知透明类商品的成像表现方法，能够利用 Photoshop 图形图像修图工具独立完成透明类商品的修图。经过一段时间的理论与实操学习，现公司摄影部门对一款玻璃杯拍摄后，要求员工进行修图，具体要求如下： ①去除玻璃杯表面的污垢； ②简化光线，明确主光源； ③优化细节，营造空间立体感。 玻璃杯实拍图	
任务目标	完成透明玻璃杯实拍图的精修。	
任务分析	问题	分析
	商品成像是否表面干净、整洁？	
	商品实拍图是否有明确的主光源？	
	空间立体感如何体现？	

学习活动　透明类商品结构的绘制

1. 认识透明类商品

透明类商品通常指玻璃、水晶、塑料等器皿，以及盛放在器皿中的各种液体如酒水饮料等。半透明类商品通常指磨砂玻璃、有机玻璃、半透明塑料器皿等。

（1）透明商品如纯净的玻璃、透光性很强的塑料等，此类商品在拍摄时候，非常容易产生反光，故在精修图片时会将反光部分去除。在精修商品图片时，要展示通透体的通透的质地和浓艳的色彩，并能够勾勒出清晰的轮廓线展示出商品的轮廓。如图 3.1.1 所示，商品实拍图显得通透的同时需要借助结构线展示出商品的轮廓。

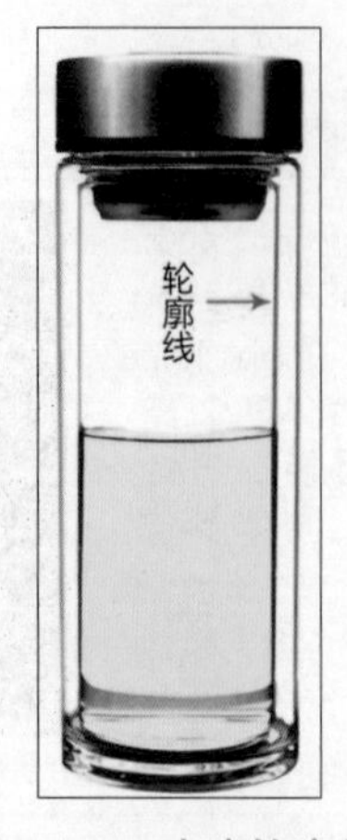

图 3.1.1　玻璃轮廓线　　　　图 3.1.2　磨砂玻璃类商品

（2）半透明的商品常见的有磨砂、有机玻璃等，磨砂玻璃是半透明材质的典型，但是精修的表现手法基本一致，除了考虑突出磨砂质感外，还要考虑低通透度和漫反射等问题。

一般来说，磨砂类商品的光影过渡不是很明显，轮廓线也没有完全透明类商品表现突出，但磨砂质感强烈，低通透度与商品本身的色感变现突出，如图 3.1.2 所示。

2. 形状工具在透明类商品精修中使用的方法

在透明类商品的成像中，需要突出商品的轮廓线来展示商品的结构，巧用矩形工具来突出商品的轮廓线是其中一种较为便捷的方法。如图 3.1.3 所示，玻璃杯整体的成像不够通透，杯身光斑也影响美观，需要通过重绘杯身结构线与光感来体现玻璃杯的通透感。

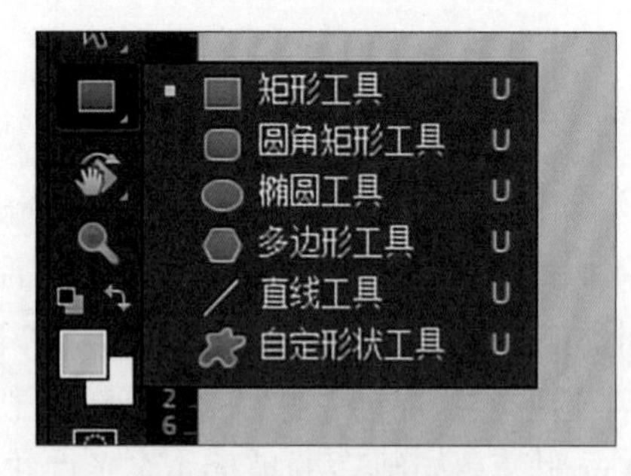

图 3.1.3　玻璃杯　　　　图 3.1.4　矩形工具

（1）在 Photoshop 的工具栏中有形状工具的选择，如图 3.1.4 所示。

（2）用鼠标右键单击工具栏里的“形状工具”，选择“椭圆工具”，然后鼠标单击画布中的一点不放，拖动鼠标即可拉出一个椭圆形，如图 3.1.5 所示。

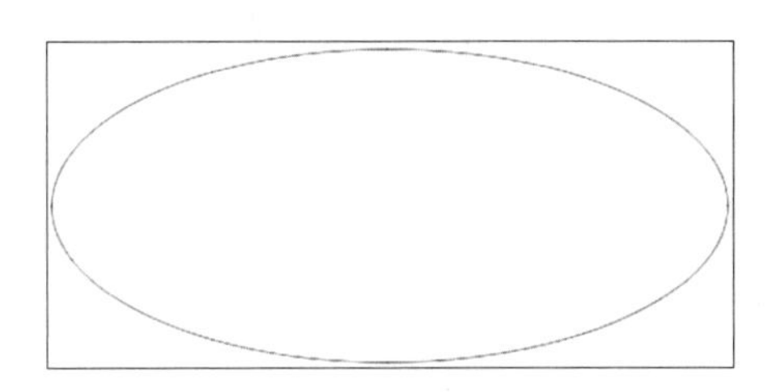

图 3.1.5　椭圆形

图 3.1.6　创建椭圆选项

如果需要自定义椭圆大小，可在画布中单击鼠标左键，自行设置椭圆的数值，如图 3.1.6 所示。

(3) 在形状工具的选项中，较为常用的有填充与描边功能，如图 3.1.7 所示。

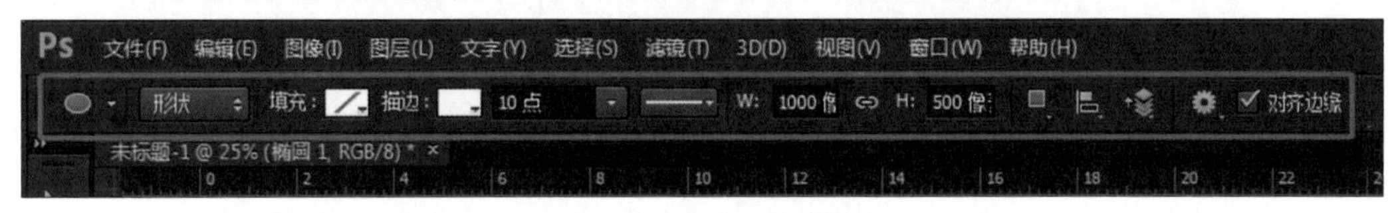

图 3.1.7　形状工具菜单栏

我们可以在此选择填充的功能，对所画图形进行填充，如图 3.1.8、图 3.1.9 所示。

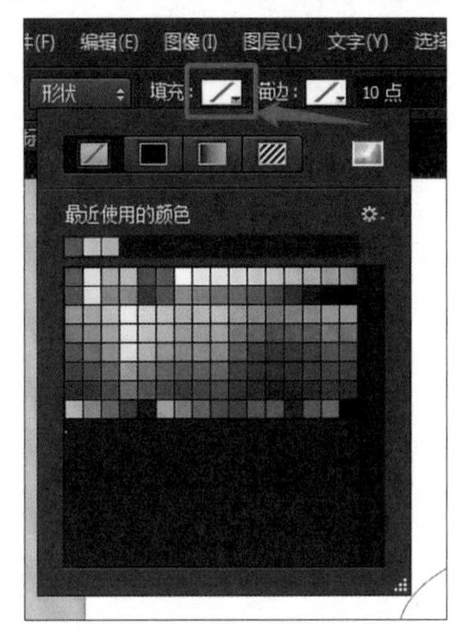

图 3.1.8　选择填充

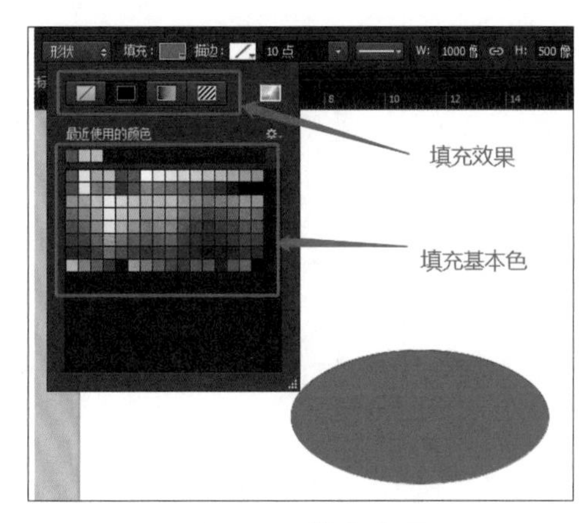

图 3.1.9　填充选项

如图 3.1.10 所示，描边功能可将所画图形在外部勾勒出一条有像素的线。

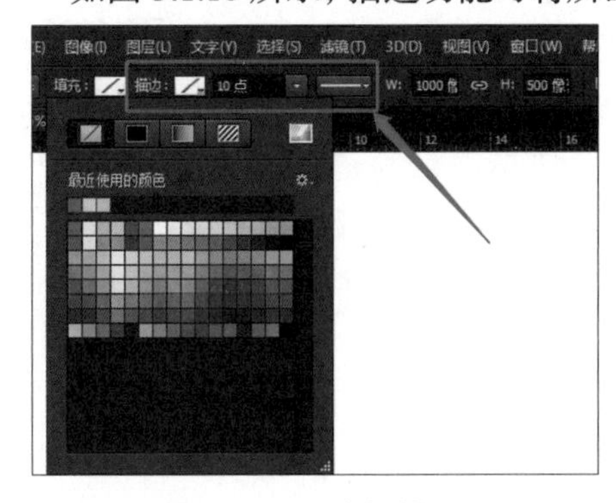

图 3.1.10　选择描边

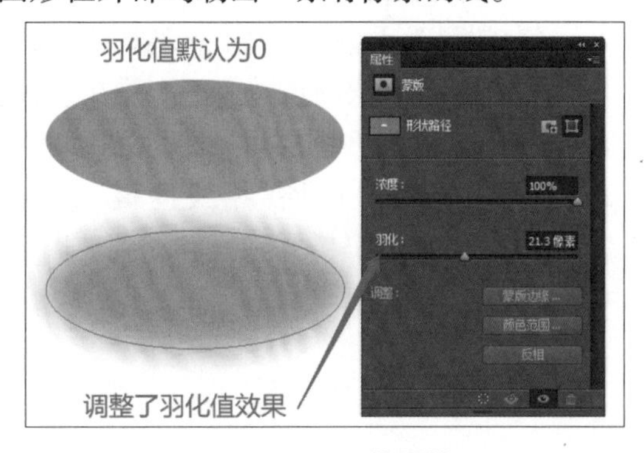

图 3.1.11　羽化属性

（4）另一常用功能是形状工具的属性中的羽化功能。如图 3.1.11 所示为调整羽化值前后对比。

3. 形状工具在处理透明商品结构线时的应用

（1）选择“椭圆形状”工具，填充效果为无颜色，画出如图 3.1.12 所示椭圆形状。

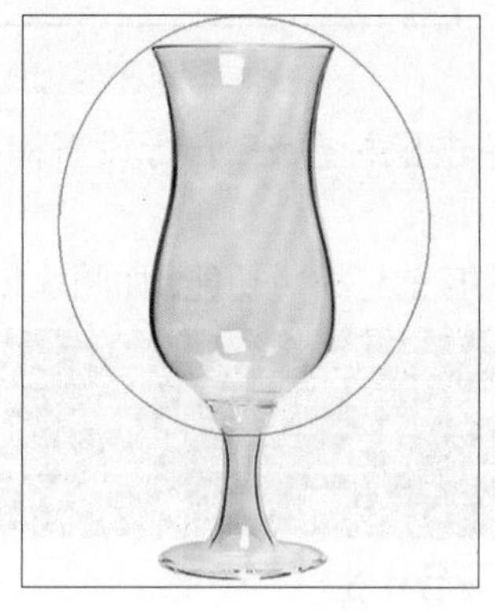

图 3.1.12　椭圆形状

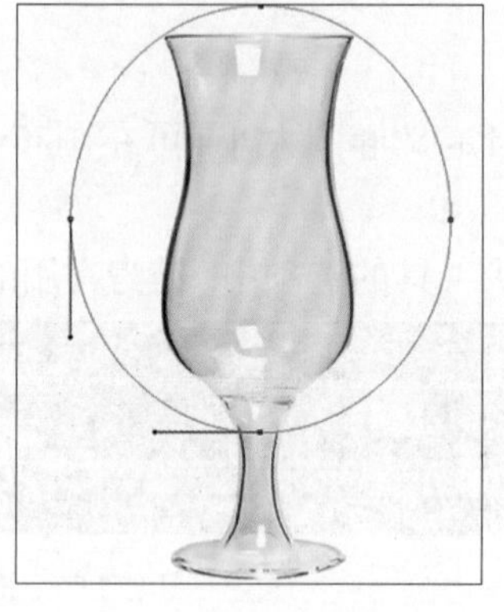

图 3.1.13　钢笔调节椭圆形状

（2）选择“钢笔工具”，按“Ctrl”键，单击椭圆矩形，如图 3.1.13 所示。

（3）利用所学钢笔抠图知识，将玻璃杯上半部分进行抠图，效果如图 3.1.14 所示。

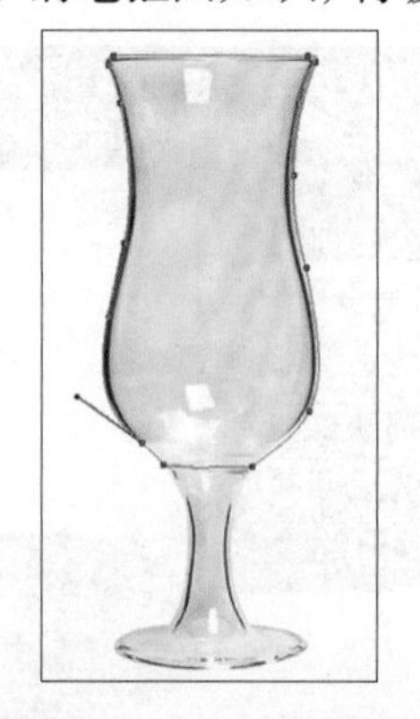

图 3.1.14　抠图区域

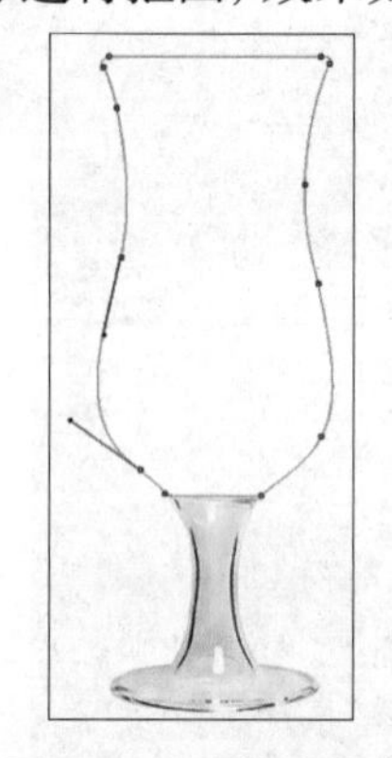

图 3.1.15　填充白色

（4）对该椭圆矩形填充为白色，效果如图 3.1.15 所示。

（5）关闭椭圆形状所在图层可见性，使用“钢笔工具”，选择模式为形状，填充效果为无颜色，抠出玻璃杯边缘轮廓线，如图 3.1.16 所示。

（6）填充该形状图层为黑色，并在属性面板中进行 1 个像素的羽化，打开椭圆形状所在图层可见性，效果如图 3.1.17 所示。

（7）选中形状 1 图层，用快捷键“Ctrl+J”复制该图层，用快捷键“Ctrl+T”进行水平翻转，并将其移动到玻璃杯右边，勾勒右边的结构线，如图 3.1.18 所示。

透明类商品结构的绘制

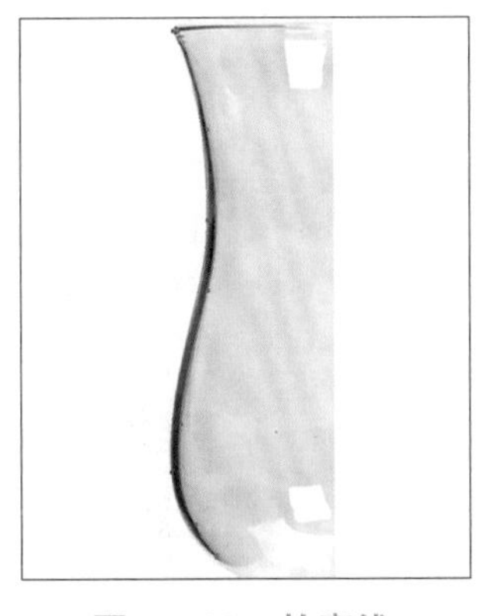
图 3.1.16　轮廓线

图 3.1.17　描边轮廓

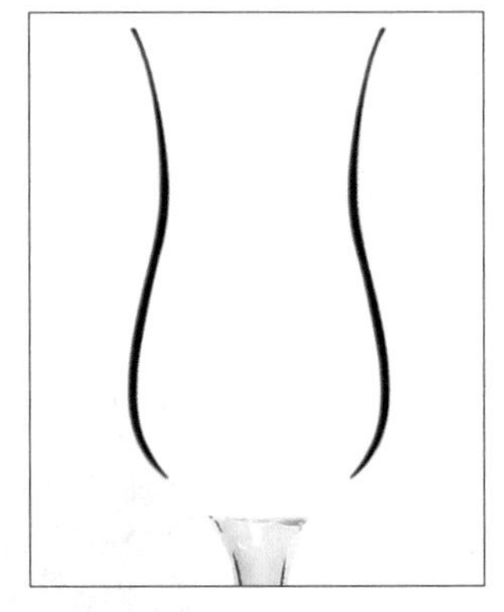
图 3.1.18　杯身结构线

行业观察

全透明材质静物的拍摄，因为通透的关系，利用反差勾勒边缘是拍摄透明玻璃器皿的常用手段之一，大多数情况都会选择纯色的背景，尤其是深色的背景，这样比较容易凸显商品外观。

光与背景的高反差能够直观地体现器皿的轮廓。很多摄影师拍摄玻璃杯器皿时，喜欢使用顶光做主光，这样可以在完整地勾勒器皿轮廓的同时，提高整体的通透度，最重要的是这样做不会在主体上映出灯具，留下瑕疵。顶光可以说是透明器皿的一种经典布光，但是也有一些不适用的情况。比如在全反射材质底板上拍摄主体加倒影的时候，镜面反射顶光会发生过曝、穿帮等情况。

保证主体上没有杂光，是拍好透明材质静物的第一步，使用柔光箱从单侧面或双侧面打光也是玻璃器皿拍摄的常用布光方法，使用这种布光方法时需要注意，不要让灯具的倒影出现在主体上，所以灯距离主体要有一定的距离。假如在白背景上拍摄，我们也可以根据情况使用黑色卡纸向杯身反射，用黑色勾勒杯身，营造另一种效果，如图 3.1.19 所示。

图 3.1.19　黑边效果

任务清单 2　任务实施表

<table>
<tr><td rowspan="6">任务实施</td><td colspan="2">任务内容</td><td>操作目标</td><td>方法</td><td>操作效果</td></tr>
<tr><td colspan="2" rowspan="5">完成以下商品实拍图的精修。</td><td>例：商品实拍图褪底。</td><td>使用“钢笔工具”抠图。</td><td></td></tr>
<tr><td></td><td></td><td></td></tr>
<tr><td></td><td></td><td></td></tr>
<tr><td></td><td></td><td></td></tr>
<tr><td></td><td></td><td></td></tr>
<tr><td>任务总结</td><td colspan="5">通过任务的实施，请勾选你认为已经掌握的知识或技能目标。
(　　) 已理解玻璃类商品的光影特点；
(　　) 掌握了形状工具的用法；
(　　) 能够使用形状工具实现玻璃的光感效果。</td></tr>
<tr><td rowspan="9">任务点评</td><td>序号</td><td>处理操作</td><td>完成情况</td><td>标准分</td><td>评分</td></tr>
<tr><td>1</td><td>商品的抠图处理。</td><td></td><td>20</td><td></td></tr>
<tr><td>2</td><td>商品高光处理。</td><td></td><td>45</td><td></td></tr>
<tr><td>3</td><td>商品轮廓对称性。</td><td></td><td>15</td><td></td></tr>
<tr><td>4</td><td>工单填写。</td><td></td><td>5</td><td></td></tr>
<tr><td>5</td><td>团队合作，沟通表达。</td><td></td><td>5</td><td></td></tr>
<tr><td>6</td><td>美工素养（严谨、诚信、耐心、精益求精）。</td><td></td><td>10</td><td></td></tr>
<tr><td>7</td><td colspan="3">合计</td><td></td></tr>
<tr><td>8</td><td>教师评语</td><td colspan="3"></td></tr>
</table>

实操锦囊

1. 分析图片

商品为玻璃透明材质，在周围环境的影响下，商品实拍图（见图 3.1.20）反映出了以下几个问题：

（1）玻璃杯实拍图表面有污渍；

（2）玻璃杯对周围光线的反射，在其表面形成了明暗不同的区域；

（3）玻璃杯前方及侧方的物体在其上产生了倒影；

（4）玻璃杯本身有污渍，拍摄前没有擦拭干净。

图 3.1.20　玻璃杯实拍图

2. 玻璃杯精修

在玻璃杯实拍图原有的光影效果上，进行玻璃杯光感的强化。对玻璃杯分杯底、杯杠、杯身 3 部分进行精修。

杯底精修。使用“椭圆工具”绘制杯底轮廓、反光效果，“钢笔工具”的描边进行线条高光部分的实现。

①选择“椭圆工具”，使用“形状”功能，绘制如图 3.1.21 所示区域。命名该图层为“杯底边缘”。

②选择菜单栏中“减去顶层形状”功能，在杯底再做一个椭圆，如图 3.1.22、图 3.1.23 所示。将该形状填充为浅灰色，塑造杯底厚度，效果如图 3.1.24 所示。

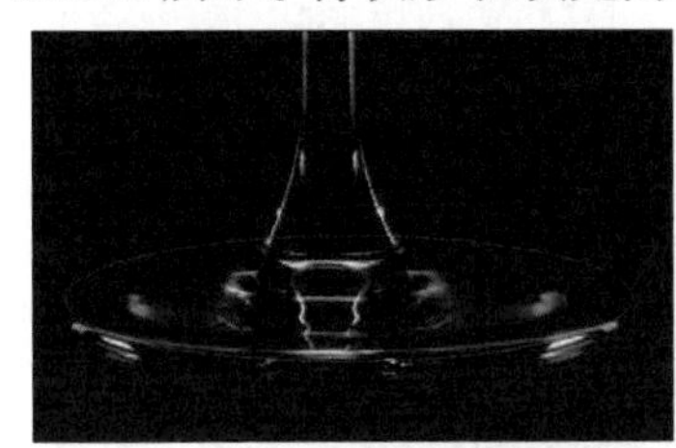

图 3.1.21　杯底形状

图 3.1.22　减去顶层形状选项

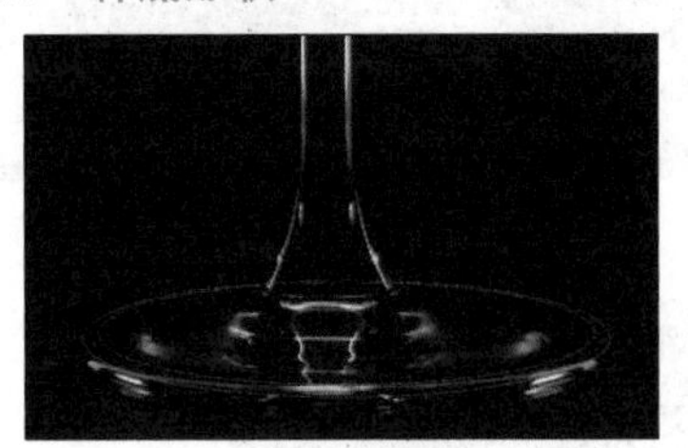

图 3.1.23　减去顶层形状

图 3.1.24　填充浅灰色

③设置椭圆形状的羽化，为其“添加图层蒙版”后，使用“画笔工具”将部分边缘的颜色淡化，效果如图 3.1.25 所示。

图 3.1.25　杯底边缘效果

④为杯底边缘添加反光效果。使用“椭圆工具”画出如图 3.1.26 所示区域，命名为“边缘反光”，并创建剪贴蒙版后填充为白色，效果如图 3.1.27 所示。

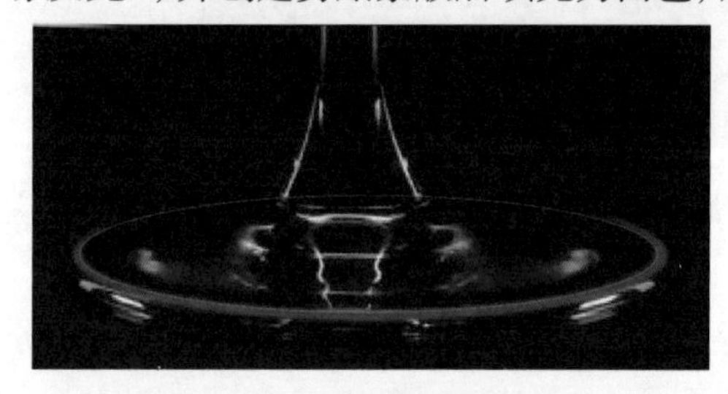

图 3.1.26　杯底边缘高光区域

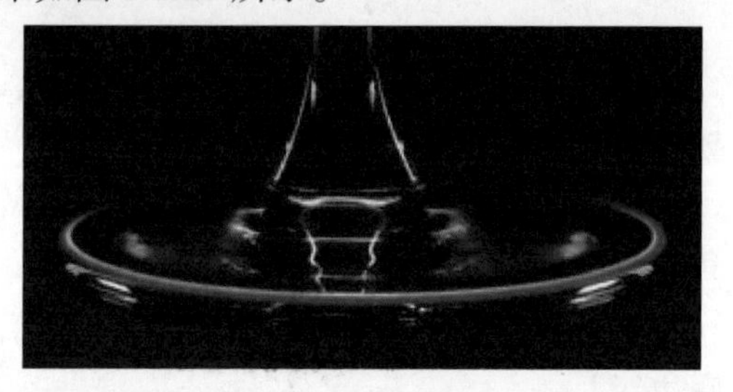

图 3.1.27　杯底边缘高光效果

⑤制作杯底其他高光部分。使用“椭圆工具”及其“减去顶层形状”功能画出如图 3.1.28 所示区域，命名该图层为杯底高光部分 1。填充为白色，对该形状做适当羽化，并适当降低透明度，制作高光效果，如图 3.1.29 所示。并使用相同方法，做杯底高光部分 2 的效果，如图 3.1.30 所示。

图 3.1.28　杯底高光部分 1 区域

图 3.1.29　杯底高光部分 1 效果

图 3.1.30　杯底高光部分 2 效果

⑥杯底下线形高光的制作。使用“钢笔工具”建立高光区域的路径，区域如图 3.1.31 所示。选择适当的画笔新建图层后进行描边。效果如图 3.1.32 所示。为方便选择图层，建立组，并命名为“杯底”，将以上图层放入该组中。

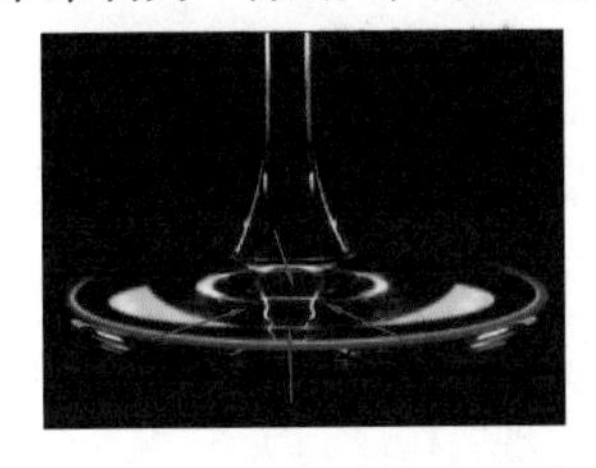

图 3.1.31　线形高光部分

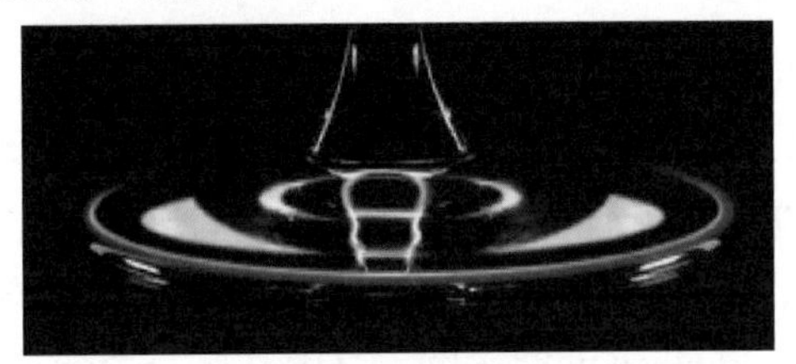

图 3.1.32　杯底线形高光效果

■ 更多步骤与完整操作视频请扫码查看。

能力迁移

任务描述：根据以上实训任务进行总结，结合所学内容，填写任务总结分析表，完成白底玻璃杯实拍图的精修。

任务清单 3　任务总结分析表

<table>
<tr><th colspan="3">任务清单</th></tr>
<tr><td>任务内容</td><td colspan="2">完成白底玻璃杯实拍图的精修。</td></tr>
<tr><td>商品实拍图</td><td colspan="2"></td></tr>
<tr><td>要求</td><td colspan="2">请根据所学内容，分析该商品图片中存在的问题，并撰写拟使用的解决方法后，完成该商品图的精修。</td></tr>
<tr><td rowspan="6">任务分析</td><td>精修内容</td><td>解决方法</td></tr>
<tr><td>例：增强高光</td><td>填充白色→高斯模糊</td></tr>
<tr><td></td><td></td></tr>
<tr><td></td><td></td></tr>
<tr><td></td><td></td></tr>
<tr><td></td><td></td></tr>
</table>

课后练习

1. 单选题

(1) 以下哪些是不属于透明类商品？(　　)

A. 不锈钢保温杯　B. 玻璃制品　C. 水晶　D. 磨砂玻璃制品

(2) 以下哪些不是透明类商品的特性？(　　)

A. 透明　B. 反光　C. 轮廓线明显　D. 色感突出

(3) 在 Photoshop 的椭圆工具中有哪一个选项的呈现？(　　)

A. 形状　B. 路径　C. 像素　D. 填充

(4) 本任务中制作杯底边缘使用了形状工具的哪个功能？(　　)

A. 合并形状　B. 减去顶层形状

C. 与形状区域相交　D. 排除重叠形状

(5) 加强玻璃制品表面的光感，可以使用哪个方法？(　　)

A. 钢笔描边　B. 色块填充

C. 渐变工具　D. 色块填充—渐变工具

2. 判断题

(1) 形状属性中没有羽化的功能。(　　)

(2) 减去顶层形状功能只可以在形状中使用一次。(　　)

(3) 形状工具不能够调整羽化效果。(　　)

(4) 用形状工具画好椭圆后不能够调整椭圆的形状。(　　)

(5) 透明类商品拍摄成像后反光都较强。(　　)

3. 填空题

(1) 全透明材质静物的拍摄，因为通透的关系，利用________是拍摄透明玻璃器皿的常用手段之一，大多数情况都会选择纯色的背景。

(2) 半透明商品有________、有机玻璃、________器皿等。

(3) 磨砂类商品的光影过渡不是________，轮廓线也没有完全透明类商品表现________。

(4) 透明商品如纯净的玻璃，透光性很强的塑料，液体等，此类商品在拍摄时，非常容易产生________。

(5) 玻璃杯整体的成像不够通透，杯身光斑也影响美观，需要通过重绘________与光感来体现玻璃杯的通透感。

任务2　透明塑料材质商品图片精修

学习目标

知识目标

- 了解透视的原理，清晰透视在商品修图中的应用；
- 熟悉形状变形的操作原理、使用方法。

能力目标

- 能够对透明材质商品结构进行判断，根据透视原理，完成圆柱透明商品的结构绘制，凸显透明类商品内部空间；
- 能够描绘强化透明材质商品表面的轮廓光影，提升立体感；
- 能够根据透视原理，结合形状变形，完成贴标。

素质目标

- 在透明塑料材质商品图片精修中培养学生的物体空间感；
- 培养学生耐心细心，精益求精的精神，在新时代条件下发扬工匠精神，为国家从制造大国向智造大国的升级转换奉献自己的力量；
- 树立学生的责任意识，培养学生的责任感。

任务清单1　任务分析表

<table>
<tr><th>项目名称</th><th colspan="2">任务清单内容</th></tr>
<tr><td>任务情景</td><td colspan="2">品牌的核心是质与智。质是商品品质，是商品的生命线，也是打造品牌的最基本起点。智是消费者心智，打动消费者心智，是品牌长期奋斗的重要目标。近年来国货品牌崛起，除了需要在商品质量方面基础深厚，也需要重视品牌在消费者心智中的视觉建设。项目组近期收到客户提供的国货品牌维生素油丸类的实拍图，需针对实拍图进行后期精修处理，为打造国货商品的良好形象，对该商品透明瓶身部分提出了以下修图要求：
①需突出瓶身的通透感；
②需突出瓶子的轮廓厚度和内部空间感；
③需突显瓶身光影，从而实现立体感塑造。
维生素油丸透明塑料瓶实拍图</td></tr>
<tr><td>任务目标</td><td colspan="2">完成透明塑料包装商品图的精修。</td></tr>
<tr><td rowspan="4">任务分析</td><td>问题</td><td>分析</td></tr>
<tr><td>逆光下，瓶身的轮廓与背景融合，轮廓与背景的分界线不清晰，且轮廓边缘没有厚度。</td><td></td></tr>
<tr><td>瓶身光影不明显，整体立体感不足。</td><td></td></tr>
<tr><td>缺乏塑料透明类商品的通透感，需凸显透明材质的光影特征。</td><td></td></tr>
</table>

学习活动　瓶贴的添加

1. 瓶贴添加的意义

在商品图片精修中，圆柱体商品由于其形体空间上有前后关系存在，拍摄镜头会虚化圆柱体周边的文字和商标，因此建议后期一定要重新贴标。如果商品有设计的图标AI原图，为了使得精修质感更高，一般都建议后期贴标。

2. 透视的原理

透视指的是通过一层透明的平面去研究后面物体的视觉科学。而透视由视点、视平线、视中线、灭点几个要素组成，如图3.2.1所示。

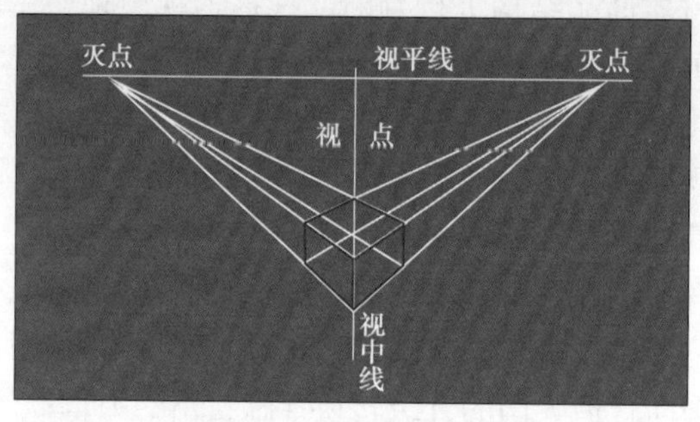

图3.2.1　透视示意图

视点：人眼睛所在的地方。

视平线：与人眼睛等高的一条平行线。

视中线：视锥的中心轴又称中视轴。

灭点：透视点的消失点。

透视又分为一点透视、两点透视、三点透视、圆形透视4种类型。

- 一点透视：方形边缘与视平线平行，且只有一个消失点的透视现象，叫作一点透视，如图3.2.2所示。
- 两点透视：方形边缘与视平线产生的角度有两个消失点的透视现象，叫作两点透视，如图3.2.3所示。
- 三点透视：在两点透视的基础上，通过俯视或仰视的角度，产生的透视现象叫作三点透视，如图3.2.4所示。
- 圆形透视：圆形在视角发生变化时所产生的透视现象，如图3.2.5所示。

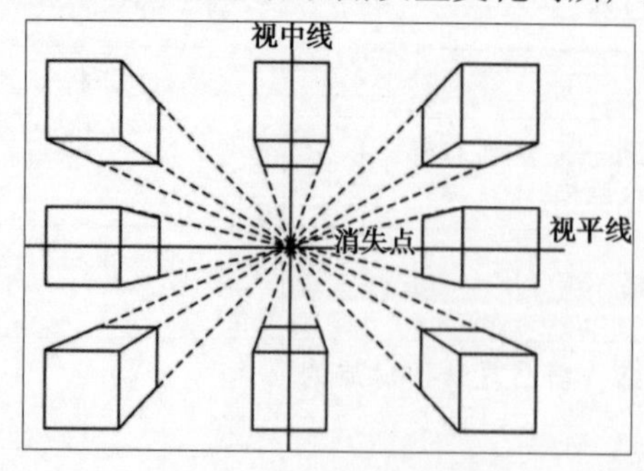

图3.2.2　一点透视

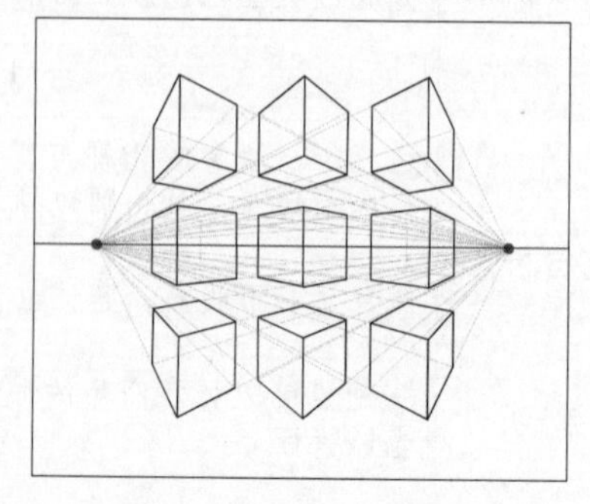

图3.2.3　两点透视

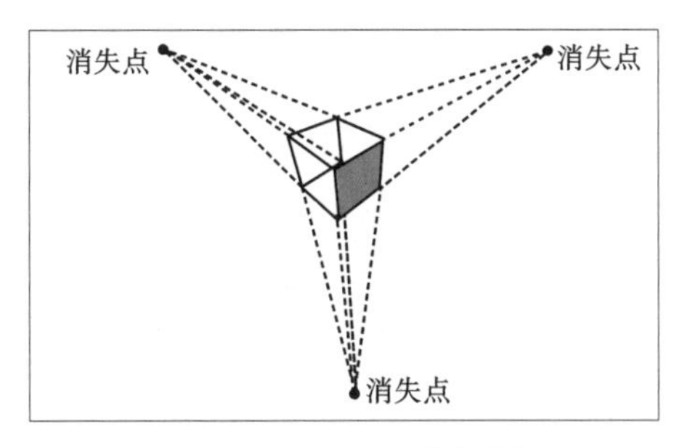

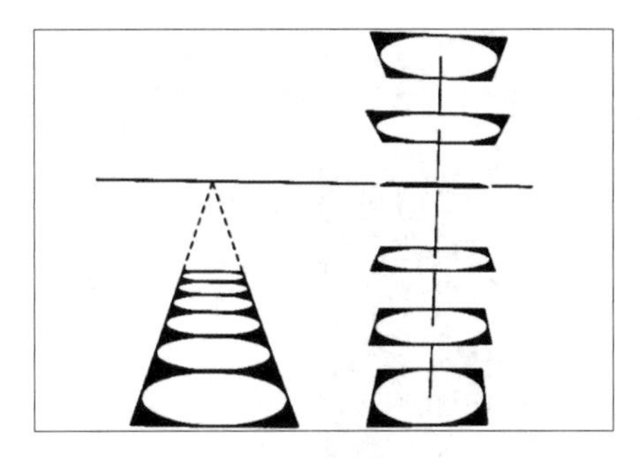

图 3.2.4　三点透视

图 3.2.5　圆形透视

在透视原理中，越是靠近视平线，断面就越窄。越是远离视平线，断面越接近宽。

3. 透视在商品图片精修中的常见的应用

在商品图片精修中，常见的透视有两点透视（见图 3.2.6）、三点透视（见图 3.2.7）、圆形透视（见图 3.2.8），一点透视因空间遮挡的原因，修图时较少考虑其透视关系。

修图中需要重新绘制商品结构轮廓时，应注意考虑透视的应用，如图 3.2.6 所示，图中为方形商品，边缘与视平线产生的角度存在两个消失点，如需重新绘制商品图，则需参考其两点透视的关系。

图 3.2.6　两点透视

图 3.2.7　三点透视

图 3.2.8　圆形透视

4. 形状工具中变形的应用

“形状工具”指的是用于选择创建路径形状、工作路径或填充区域，而其变形命令，除了常见的自由变换（如斜切、透视、变形）等，还包括特定的变形命令，如扇形、下弧、上弧、拱形等。

在商品图片精修中，常常应用 Photoshop 工具中的形状工具为图片添加光影，而添加弧形光时，则需要对光源进行变形处理，以矩形形状为例，变形命令中有扇形、下弧、上弧、拱形等。绘图时可根据实际需要选择合适的变形命令来完成绘制工作，如图 3.2.9 示例。

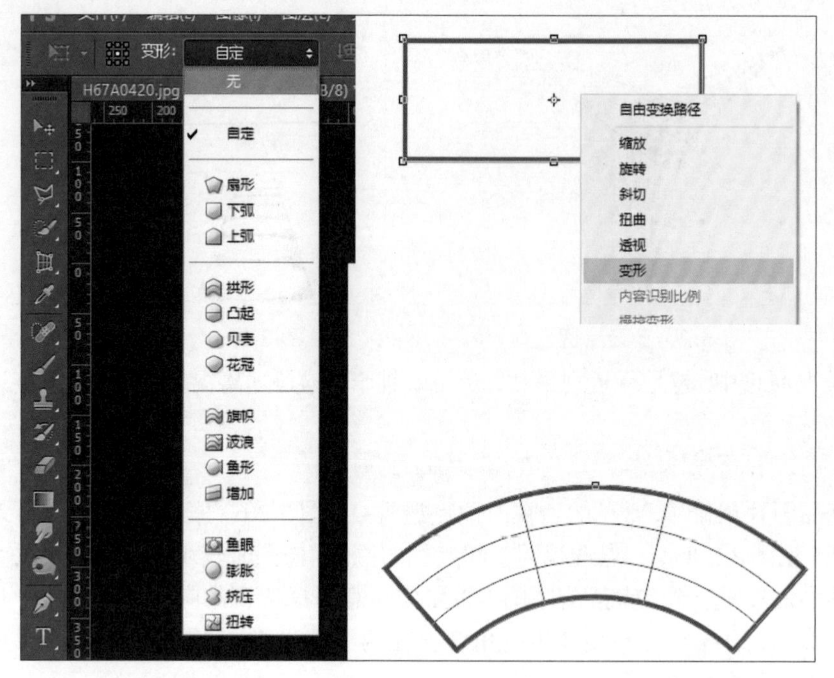

图 3.2.9　使用“变形”命令中的“扇形”命令

5. 运用透视原理贴标

如图 3.2.10 所示，选择“图标”图层，按快捷键“Ctrl+T”，对图层进行形状编辑，单击右键，选择“变形”，选择选项栏里“自定”选项中的“下弧”，如图 3.2.11 所示。

图 3.2.10　形状编辑命令

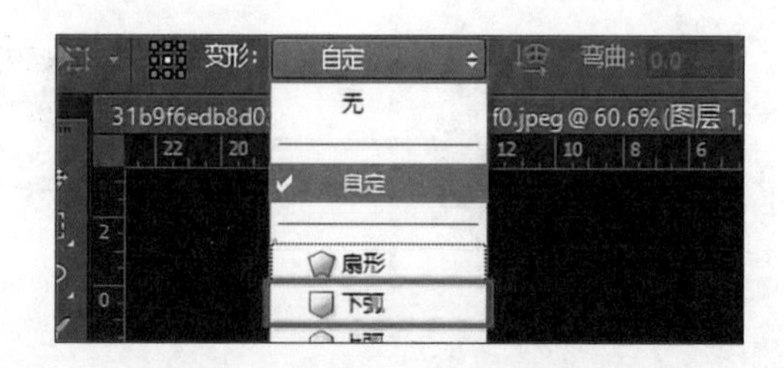

图 3.2.11　选择“下弧”命令

初始状态的“下弧”命令打开的弧度较大（见图 3.2.12），需要用鼠标拖选红框区域内的锚点进行弧度的调节，调整下弧至图 3.2.13 所示效果，具体原理参考透视原理。

按“Enter”键取消形状编辑，按快捷键“Ctrl+T”，再次打开形状编辑框，按“Alt”键，向外平行微调图标上方左右锚点，使得图标呈微喇叭状，如图 3.2.14 所示。

继续单击右键，选择“变形”命令，调整上方手柄（手柄位于图 3.2.15 黄框内），向下微调弧度，最终效果如图 3.2.16 所示。

图 3.2.12　“下弧”命令

图 3.2.13　调整下弧弧度

图 3.2.14　调整上方锚点

图 3.2.15　调整上方弧度

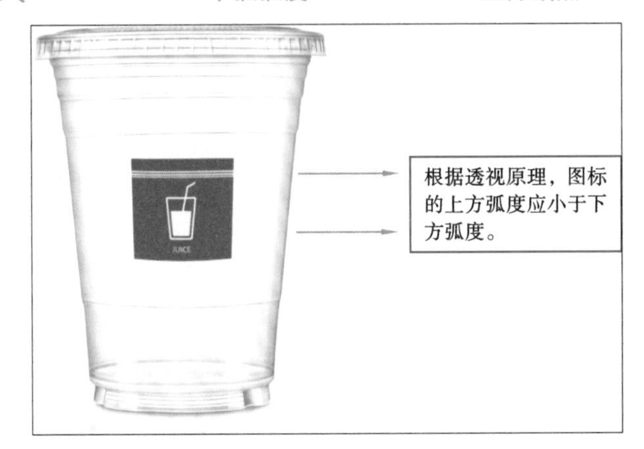

图 3.2.16　贴标效果图

运用透视原理贴标

传承有我

据《2020 中国消费品牌发展报告》显示，中国消费者在天猫等平台每购买 10 件商品，就有超过 7 件是国货。国潮不仅仅是潮流，更是中国崛起、民族自信和产业复兴的标志。百年前，先辈发起国货运动，从实业救国的口号开始，到如今国货品牌全面崛起，不仅能让我们更加有文化自信，也能彰显出中国品牌的品质实力。但一个品牌的崛起，其核心是质与智。质是商品品质，这是商品的生命线，也是打造品牌的最基本起点。智是消费者心智，如何打动消费者心智，是品牌长期奋斗的重要目标。随着国货品牌崛起，除了需要在商品质量方面基础深厚，也需要重视品牌在消费者心智中的视觉建设。新时代的青年们在弘扬国潮文化，依靠互联网等新基础设施的强大支持时，也需发扬工匠精神，深入挖掘品牌文化，民族文化，做真正打动人心的视觉设计，为国家从制造大国向智造大国的升级转换奉献自己的力量。

任务清单 2　任务实施表

<table>
<tr><td></td><td>任务内容</td><td colspan="2">操作目标</td><td>方法</td><td>操作效果</td></tr>
<tr><td rowspan="5">任务实施</td><td rowspan="5">完成以下商品实拍图的精修。</td><td colspan="2">例：绘制瓶身。</td><td>使用“钢笔工具”。</td><td></td></tr>
<tr><td colspan="2"></td><td></td><td></td></tr>
<tr><td colspan="2"></td><td></td><td></td></tr>
<tr><td colspan="2"></td><td></td><td></td></tr>
<tr><td colspan="2"></td><td></td><td></td></tr>
<tr><td>任务总结</td><td colspan="5">通过任务的实施，请勾选你认为已经掌握的知识或技能目标。
（　　）已了解透视的原理，清晰透视在商品修图中具体的应用；
（　　）已熟悉形状变形的操作原理和使用方法；
（　　）能够对透明材质商品结构进行判断，根据透视原理，完成圆柱透明商品的结构绘制，凸显透明类商品内部空间；
（　　）能够描绘强化透明材质商品表面的轮廓光影，提升立体感；
（　　）能够根据透视原理，结合形状变形，完成贴标。</td></tr>
<tr><td rowspan="11">任务点评</td><td>序号</td><td>处理操作</td><td>完成情况</td><td>标准分</td><td>评分</td></tr>
<tr><td>1</td><td>瓶身结构绘制。</td><td></td><td>10</td><td></td></tr>
<tr><td>2</td><td>瓶身光影表现符合商品材质特性。</td><td></td><td>20</td><td></td></tr>
<tr><td>3</td><td>凸显瓶身通透感。</td><td></td><td>20</td><td></td></tr>
<tr><td>4</td><td>还原瓶身厚度。</td><td></td><td>10</td><td></td></tr>
<tr><td>5</td><td>瓶底透视与贴标透视正确。</td><td></td><td>20</td><td></td></tr>
<tr><td>6</td><td>工单填写。</td><td></td><td>5</td><td></td></tr>
<tr><td>7</td><td>团队合作、沟通表达。</td><td></td><td>5</td><td></td></tr>
<tr><td>8</td><td>美工素养（严谨、责任使命、空间感、精益求精）。</td><td></td><td>10</td><td></td></tr>
<tr><td>9</td><td colspan="3">合计</td><td></td></tr>
<tr><td>10</td><td>教师评语</td><td colspan="3"></td></tr>
</table>

实操锦囊

1. 分析图片

通过分析原图（见图 3.2.17），明显发现，商品图片有以下几个问题：

（1）逆光下，瓶身轮廓不清晰，轮廓无厚度；

（2）瓶身光影不明显，立体感不足，通透感不佳，需凸显透明材质的光影特征；

图 3.2.17　实拍图

(3) 圆柱形商品需要后期贴标；

(4) 商品整体质感欠佳，需后期锐化。

2. 瓶身的绘制

在商品拍摄图的基础上，进行瓶身部分的轮廓绘制。

选择"钢笔工具"，设置工具模式为路径，沿着商品边缘勾勒轮廓线，进行轮廓绘制，完成后右击鼠标，选择"建立选区"，形成选区。新建图层，按快捷键"Ctrl+Delete"，在该图层上填充为灰白色，如图 3.2.18 所示。

将新填充的图层置于瓶盖图层下方。在瓶盖和瓶身中间，选择"圆角矩形工具"，拖动鼠标，绘制长矩形，如图 3.2.19 所示。

打开属性中的"羽化"命令，设置羽化值，柔边长矩形，如图 3.2.20 所示。

图 3.2.18　绘制填充

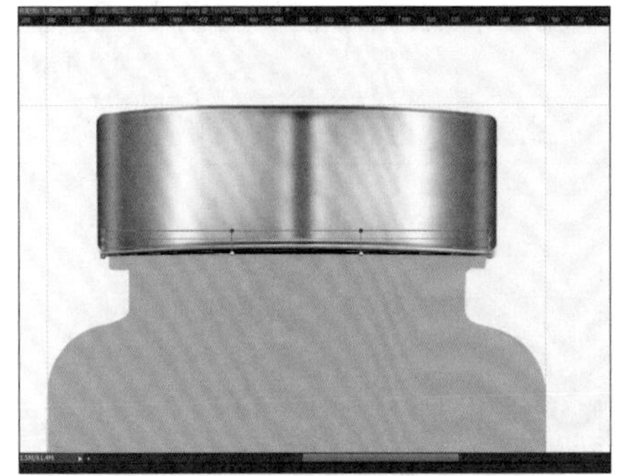

图 3.2.19　绘制长矩形

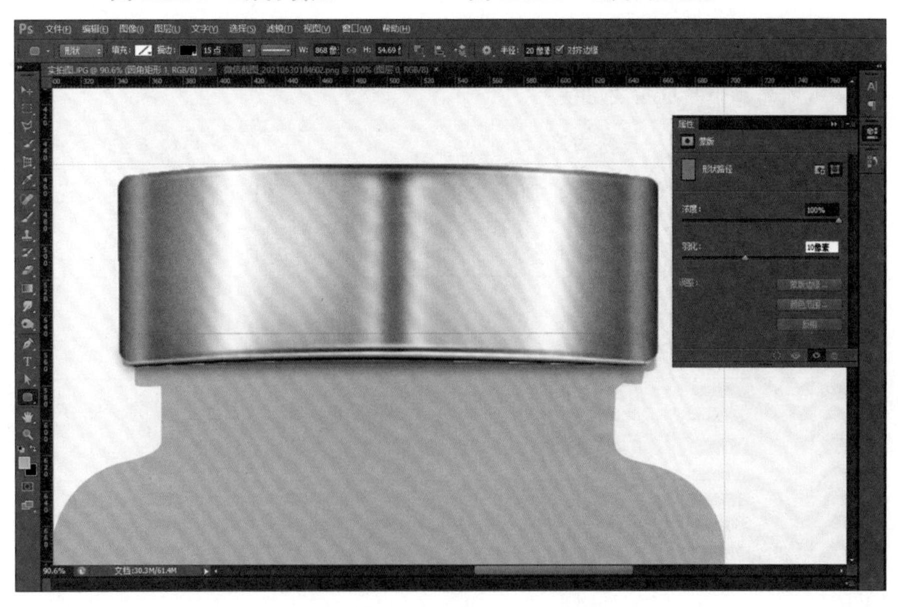

图 3.2.20　使用"羽化"命令

■ 更多步骤与完整操作视频请扫码查看。

透明塑料包装商品精修更多步骤

透明塑料包装商品精修操作视频

能力迁移

任务描述：根据以上实训任务进行总结，结合所学内容，填写任务总结分析表，完成塑料水壶商品的精修。

任务清单 3　任务总结分析表

任务清单		
任务内容	完成塑料水壶实拍图的精修。	
商品实拍图		
要求	请根据所学内容，分析在该商品实拍图中光滑硬塑料材质部分存在的问题，并撰写拟使用的解决方法。	
任务分析	精修内容	解决方法
	例如：在实操案例中，商品主要从矫正塑形、抠图分层、单侧光光影绘制、色感调整等方面进行精修。	例如：抠图分层处理是按视觉分界利用“钢笔工具”分结构绘制路径的方法来解决问题。

课后练习

1. 单选题

(1) 透明材质商品的边缘轮廓特点是（　　）。

A. 明暗重叠　　B. 明暗反差一般，过度柔和

C. 高光与阴影呈块状　　D. 光影呈渐变分布

(2) 透明塑料材质商品结构光的类别（　　）。

A. 凹型结构光影分布一般分为两高光夹一阴影，或一个高光一个阴影两种分布形式

B. 凸型结构光影分布一般为两阴影夹一高光

C. 凹型结构光影分布一般分为两阴影夹一高光

D. 凸型结构光影分布一般为两高光夹一阴影

(3) 结构光绘制时，不需要用到的工具是哪一个？（　　）

A. 修补工具　　B. 套索工具　　C. 画笔工具　　D. 滤镜

(4) 透视有哪些类型？（　　）

A. 一点透视　　B. 两点透视　　C. 三点透视

D. 圆形透视　　E. 以上都是

(5) 以下说法哪一项是错误的？（　　）

A. 透视指的是通过一层透明的平面去研究后面物体的视觉科学

B. 如果商品有设计的图标 AI 原图，为了使得精修质感更高，一般都建议后期贴标

C. 靠近光源的地方则为高光，远离光源的区域则为阴影

D. 透明塑料类的商品，其光影呈透光的特点

2. 判断题

(1) 透视由视点、视平线、视中线、灭点几个要素组成。（　　）

(2) 透视又分为一点透视、两点透视、三点透视 3 种类型。（　　）

(3)在透视原理中，越是靠近视平线，断面就越宽。越是远离视平线，断面越接近窄。（　　）

(4) 修图中需要重新绘制商品结构轮廓时，应注意考虑透视的应用。（　　）

(5) “形状工具” 的变形命令，除了常见的自由变换（如斜切、透视、变形）等，还包括特定的变形命令，如扇形、下弧、上弧、拱形等。（　　）

3. 填空题

（1）透视由____________、____________、____________、____________几个要素组成。

（2）“形状工具”指的是用于选择创建____________、____________或________，而其变形命令，除了常见的自由变换（如斜切、透视、变形）等，还包括特定的变形命令，如____________、____________、____________、____________等。

（3）透视点的消失点称之为____________。

（4）方形边缘与视平线产生的角度有两个消失点的透视现象，叫作____________。

（5）利用形状工具添加弧形光时，需要对光源进行____________处理。

任务 3　半透明玻璃材质商品图片精修

学习目标

知识目标

- 了解玻璃材质商品的结构线；
- 理解玻璃材质通透感的视觉效果形成原理。

能力目标

- 能够描绘强化玻璃材质的结构线，完成玻璃材质商品的厚度感处理；
- 能够使用“画笔工具”描绘玻璃商品底部结构，提升商品的通透感。

素质目标

- 树立学生终身学习的工作素养；
- 培养学生分解整体，拆分任务的工作思维。

任务清单1　任务分析表

项目名称	任务清单内容	
任务情景	本期客户提供了一张精华液实拍图，针对拍摄图提出了以下修图要求： ①需体现金属材质的光泽感； ②需体现玻璃材质的通透感； ③需还原商品本身的颜色； ④需体现商品的高级感。	精华液实拍图
任务目标	完成精华液商品图的精修。	
任务分析	问题	分析
	商品拍摄图是否规整？	
	商品表面是否存在瑕疵？	
	商品由哪些结构组成？商品拍摄图是否有体现这些结构的材质特点？	
	对比商品实物，商品拍摄颜色是否真实还原？	
	通过网络搜索相关材质商品图，对比分析该商品图有哪些不足？	

学习活动1　玻璃材质的明暗交界线处理

玻璃材质商品在任何环境下都可以透出背景，但是在Photoshop的处理过程中，只是通过平面像素模拟透明视觉效果，打造通透感。玻璃材质商品的处理首先考虑好使用背景，因为在更换图片背景的时候，可能会出现背景不融合、不匹配、不透明的情况。如图3.3.1所示，商品放在水波纹的背景下，玻璃瓶身透出水底的蓝色，但是在白色背景下，如果瓶身处理仍然采用蓝色，会显得与背景不匹配、不透明的视觉效果，如图3.3.2所示。

图3.3.1　透明液体在蓝色背景下

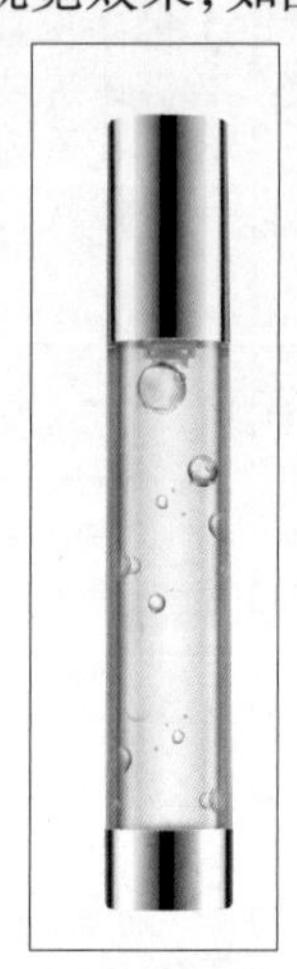

图3.3.2　透明液体在白色背景下

玻璃材质处理的关键是着重处理边缘线和结构线，中间放空。明暗交界线的宽度、散度、强度、位置都会影响玻璃材质的厚度感形成。图3.3.3为未加明暗交界线的效果，图3.3.4为加上明暗交界线的效果。改变如图3.3.5左图所示的明暗交界线位置，下移明暗交界线会带来玻璃底座厚度变薄的视觉效果。

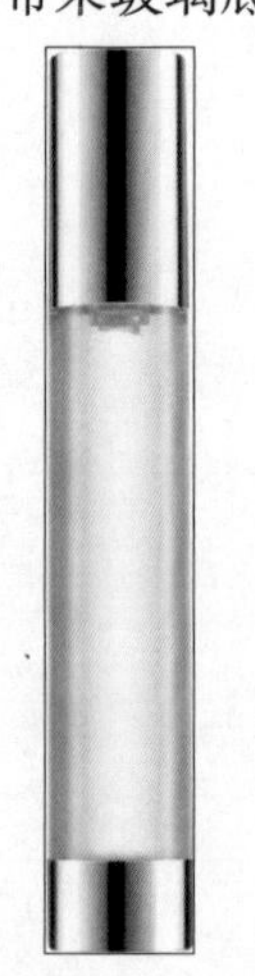

图3.3.3　未加明暗交界线

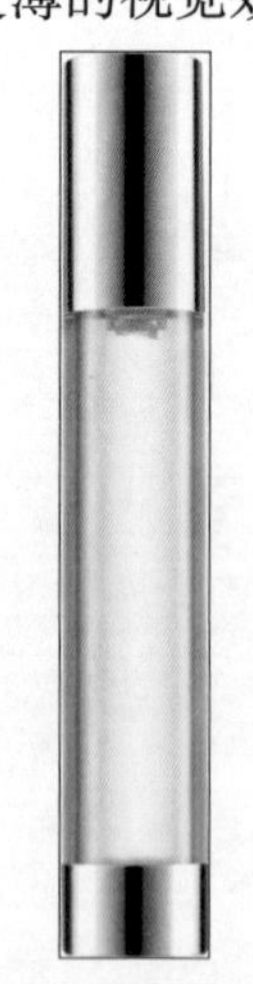

图3.3.4　加上明暗交界线

图3.3.5　明暗交界线影响玻璃的厚度

直通职场

眼界高，“手”才高

学习与艺术相关的内容，有时会“眼高手低”。只有眼界够高，才有可能达到“手高”。一名修图师的职业生涯无外乎四个，分别是高级修图师、自由修图师、创业者或者改行，不管哪种选择都可能会经历技术到艺术的瓶颈，理论到实践的困难。解决这个问题的唯一方法就是埋头苦干、勤奋学习。

培养眼界，需要从不同的角度和研究方向去认识和学习。

①基础学习。基础学习包括造型、色彩、透视学习。阅读素描相关书籍，从静物到搭配组合，再到石膏像和人物，对于光影、构图、人体结构等有基本的了解。色彩构成有助于了解色彩基本原理、搭配，以及色彩的情感表达，另外还有平面构成和立体构成。透视学原理学习以三维的眼光来看二维的平面有助于在后期合成中呈现更好的空间感。

②绘画类书籍阅读借鉴。梵高的印象派、伦勃朗的光影、日本浮世绘的色彩、任伯年的色调、油画、国画的风格都能有助于从绘画中体会色彩和细节的处理。另外建筑、雕塑、版画、艺术雕塑、电影等也都能够借鉴有助于寻找艺术灵感。

③艺术类涉略学习。例如摄影师画册可以了解肖像和时尚摄影的不同、了解大师的风格标签和艺术精神。国内外的知名杂志、品牌画册可以了解当下活跃的时尚风格、流行趋势、修图要求。

除了关注艺术提升，还应关注学习人际心理学、互联网心理学等，学会更好地了解客户的需求；关注学习健康，学会自我调节，注重身体健康，不管自己的技术高低、经验高低，都需要热爱自己的行业和工作。

学习活动2　玻璃材质的通透感处理

明度越高的颜色在视觉上往往能带来更亮的视觉体验，在玻璃材质商品上会带来通透感的视觉效果。通常可以采用画笔绘制白色点状光或用钢笔描边绘制白色形状光源，结合高斯模糊的处理，使得光源与背景渐变融合而实现玻璃材质商品通透感视觉效果。

如图3.3.6所示是一张未处理的原图，通过使用画笔绘制点状光源，按“Ctrl+T”快捷键，对光源进行变形调整，如图3.3.7所示。在该图层选择叠加图层混合模式，这样视觉上可以带来瓶底是玻璃材质的通透感，如图3.3.8所示。

图 3.3.6 实拍图

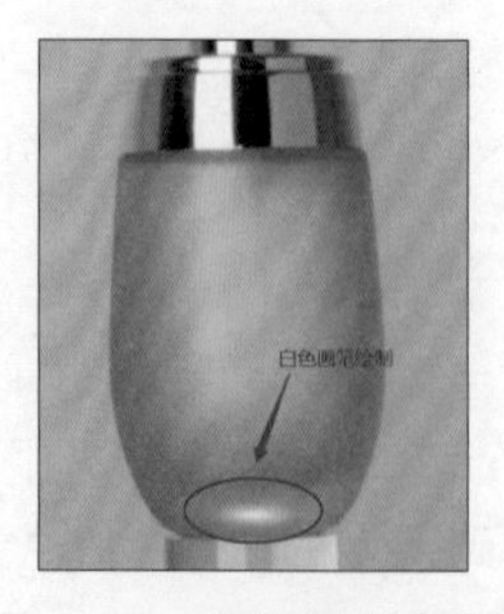

图 3.3.7 画笔绘制点状光

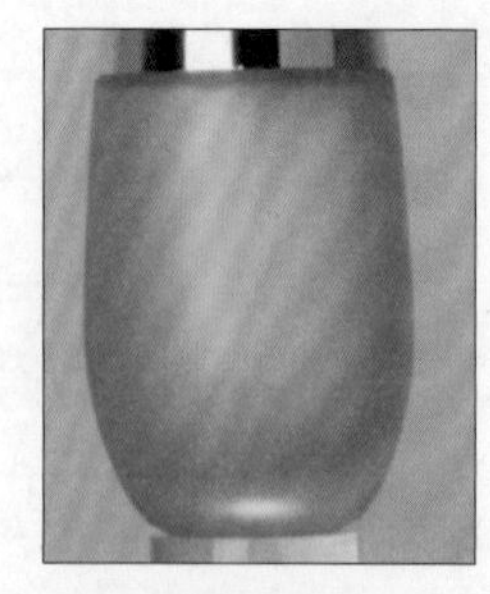

图 3.3.8 图层样式改为叠加

任务清单 2 任务实施表

	任务内容	操作目标	方法	操作效果
任务实施	完成以下商品实拍图的精修。	例：透明瓶底的绘制等具体操作目标。	“钢笔工具”绘制边缘结构线等具体操作方法。	

任务总结	通过任务的实施，请勾选你认为已经掌握的知识或技能目标。 (　　)已了解玻璃材质商品的结构线； (　　)已理解玻璃材质通透感的视觉效果形成原理； (　　)能够描绘强化玻璃材质的结构线，完成玻璃材质商品的厚度感； (　　)能够使用“画笔工具”描绘玻璃商品底部结构，提升商品的通透感。

	序号	处理操作	完成情况	标准分	评分
任务点评	1	商品图图形规整处理。		15	
	2	商品图褪底，白底图。		5	
	3	商品金属结构的光影处理。		20	
	4	商品玻璃结构的光影处理。		25	
	5	商品玻璃内部吸管的绘制处理。		15	
	6	工单填写。		5	
	7	团队合作、沟通表达。		5	
	8	美工素养(拆解整体的工作思维)。		10	
	9	合计			
	10	教师评语			

实操锦囊

1. 分析图片

图 3.3.9　实拍图

通过分析原图（见图 3.3.9），结合商品精修五大核心要素，明显发现，商品图片有以下几个问题：

①商品由金属和玻璃材质构成，但是金属光影比较杂乱，且金属表面有指纹等瑕疵，金属颜色表达程度不理想；

②玻璃瓶底光影比较细碎，玻璃瓶身显得比较杂乱，没有体现玻璃的通透感；

③玻璃瓶底是玻璃材质，通透感不强；

④瓶体内有塑料透明吸管，材质体现不够明显。

2. 抠图分层处理

在 Photoshop 中按“文件”→“打开”找到文件所在位置，打开商品图，按快捷键“Ctrl+R”，导出参考标尺，观察商品的歪斜变形情况。利用“钢笔工具”分别针对瓶体的瓶盖、瓶身、瓶底 3 个结构进行抠图建组，新建白底图，完成去底处理，如图 3.3.10—图 3.3.12 所示（此处操作方法可参考项目、任务、学习活动 2）。

图 3.3.10　使用参考线

图 3.3.11　抠图

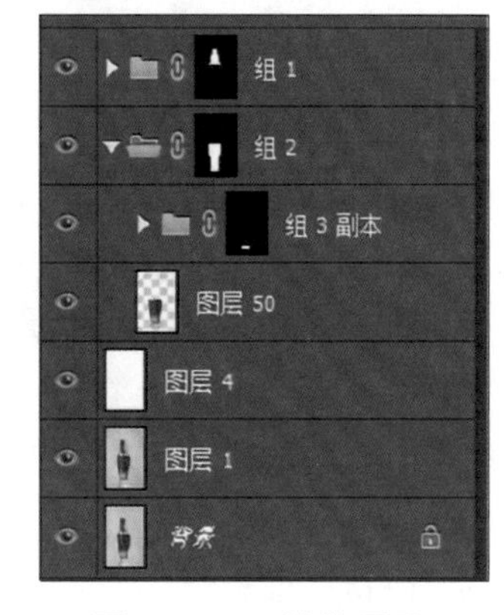

图 3.3.12　结构图层

3. 金属瓶盖的光影处理

（1）金属色的调整

单击选择“色彩平衡工具”，通过添加黄色和红色，还原金属的颜色，效果及设置参数如图 3.3.13 所示。

（2）瑕疵处理

金属瓶盖上存在指纹等瑕疵，可以通过选择“涂抹工具”或“仿制图章工具”等修瑕疵工具完成金属瓶盖的瑕疵处理。

①选中瓶盖图层，单击“锁定透明像素工具”将编辑范围限制为只针对图层的不透明部分，防止涂抹时超出瓶盖范围。使用“涂抹工具”时要注意涂抹方向要与光影

方向保持一致，瓶盖的光影是垂直方向，涂抹时切忌左右涂抹，否则会破坏光影，如图3.3.14、图3.3.15所示，通过涂抹可以把指纹去除。

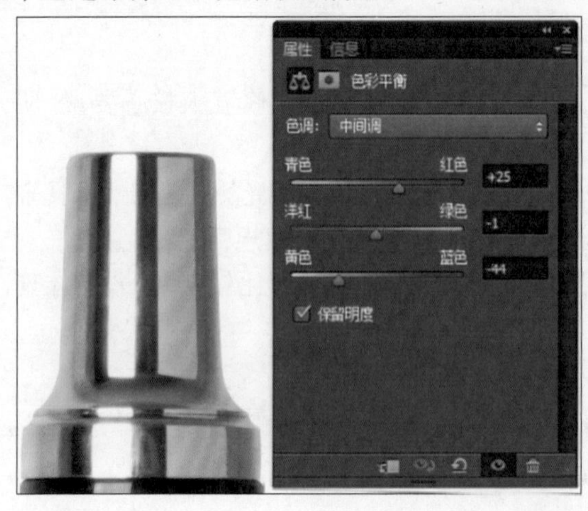

图 3.3.13　还原金属色

图 3.3.14　金属瓶盖存在指纹瑕疵

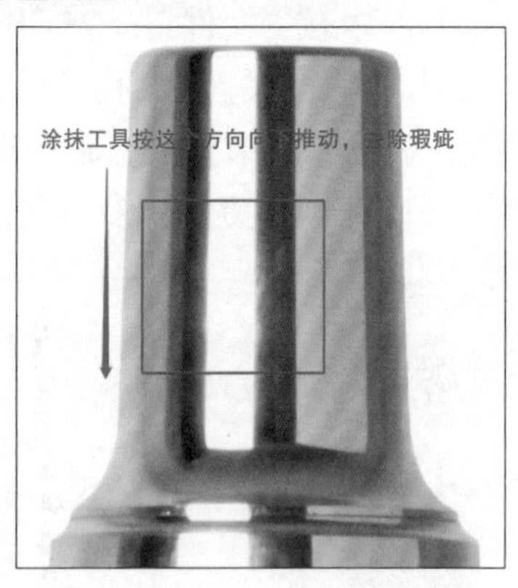

图 3.3.15　涂抹去除瑕疵

②使用“涂抹工具”把整体光影进行瑕疵去除，使用矩形选框选中瓶盖左侧，如图3.3.16所示，按快捷键“Ctrl+J”复制瓶盖左侧，按快捷键“Ctrl+T”单击右键选择“水平翻转”，按“Enter”键确定，移动瓶盖左侧到瓶盖右侧，调整其位置，合并两个图层，如图3.3.17所示，最终涂抹效果如图3.3.18所示。

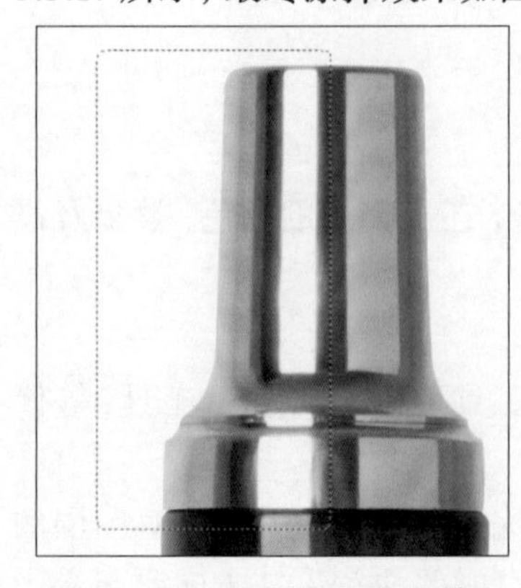

图 3.3.16　绘制左侧瓶盖选区

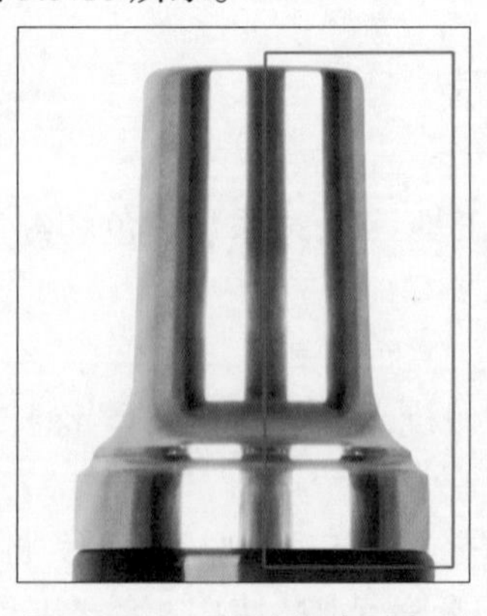

图 3.3.17　复制移动到右侧

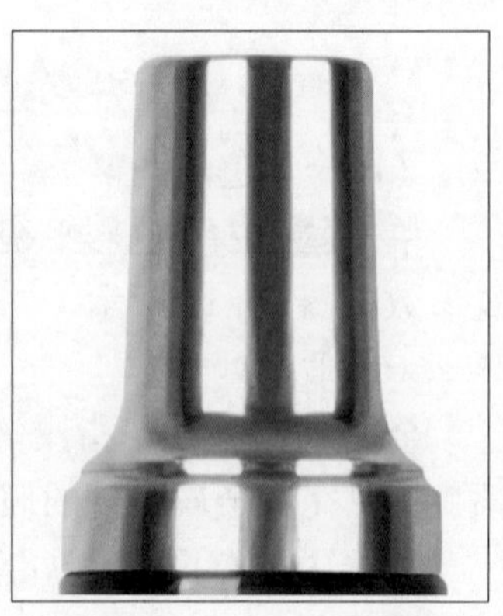

图 3.3.18　去瑕疵效果

（3）光影强化处理

①以明暗交界线为例。新建空白图层，使用“钢笔工具”绘制明暗交界线路径，按快捷键“Ctrl+Enter”将路径转化为选区，选择较暗的颜色进行填充，如图 3.3.19 所示，执行“滤镜”→“模糊”→“高斯模糊”命令，调整半径值，效果如图 3.3.20 所示。按照相似的方法给图 3.3.21 指示的暗部进行光影强化。

图 3.3.19　绘制明暗交界线

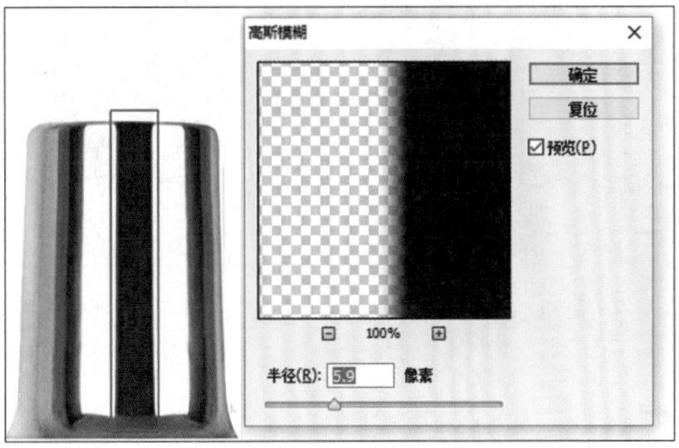

图 3.3.20　模糊处理

图 3.3.21　强化瓶盖的光影

②结构高光绘制。使用“钢笔工具”绘制高光结构路径，如图 3.3.22 所示，按快捷键“B”切换到“画笔工具”，调整画笔大小，选择高光颜色，并勾选上“始终对不透明度添加压力”和“始终对大小使用压力”。按快捷键“P”切换到“钢笔工具”，选中高光结构路径，单击右键选择“描边路径”，选择“画笔”及勾选“模拟压力”，绘制两头细且虚中间粗且实的高光结构，如图 3.3.23 所示。接着再对需要描边的高光结构适用快捷方法，即按快捷键“P”切换到“钢笔工具”绘制高光路径，按快捷键“B”切换到“画笔工具”，按“Enter”键即可描边该高光路径，绘制效果如图 3.3.24 所示。

图 3.3.22　绘制高光结构路径

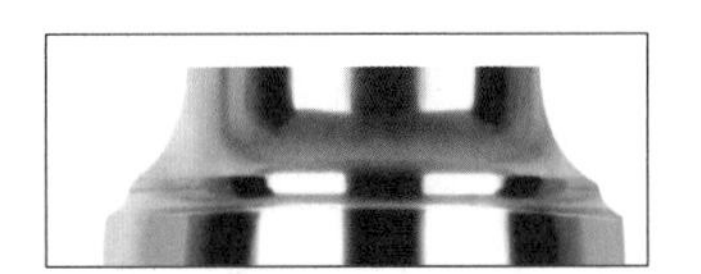

图 3.3.23　描边路径

图 3.3.24　描绘高光结构线

4. 瓶身半透明玻璃材质的光影处理

（1）瓶身渐变色绘制

①细碎光影的处理。选择“涂抹工具”把靠近底部的光影进行涂抹处理，使其光影尽可能干净，对比效果如图 3.3.25、图 3.3.26 所示。

②瓶身底色添加。瓶身属于深色渐变透明的材质，按“Ctrl”键选中瓶身图层缩略图，新建空白图层，填充比瓶身颜色稍暗的蓝色，如图 3.3.27 所示。单击■给该图层添加图层蒙版，使用黑色画笔涂抹底部，得到瓶身渐变颜色的效果，如图 3.3.28 所示。

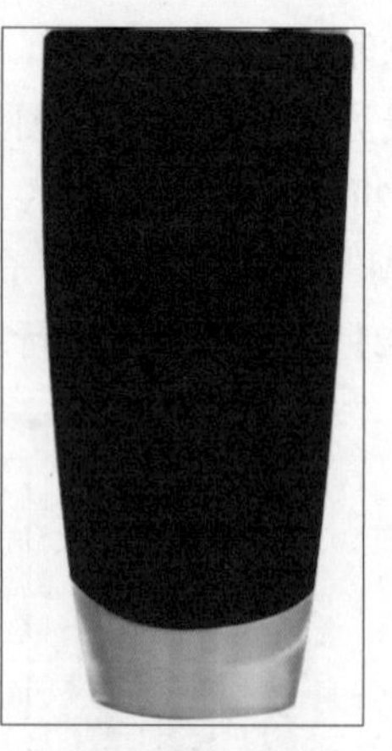

图 3.3.25　涂抹前　图 3.3.26　涂抹后　图 3.3.27　填充瓶身颜色　图 3.3.28　渐变效果

（2）瓶身光影绘制。

①瓶身底部亮部绘制。使用“椭圆选框工具”绘制椭圆选区，按“Alt”键同时再使用“椭圆选框工具”绘制小椭圆选区，得到两个椭圆选区的交叉选区，如图 3.3.29 所示。填充为白色，调整方向角度，如图 3.3.30 所示。执行“滤镜”→“模糊”→“高斯模糊”命令，调整半径大小，调整图层不透明度为“70%”得到底部玻璃的亮部效果，效果如图 3.3.31 所示。

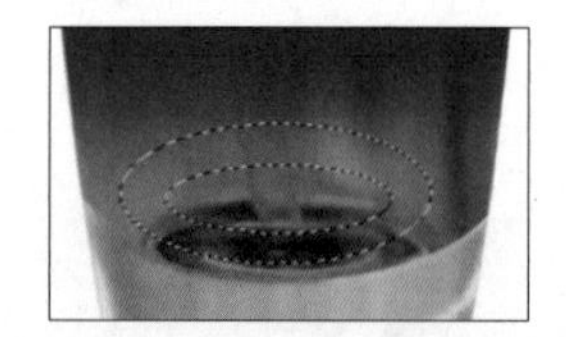

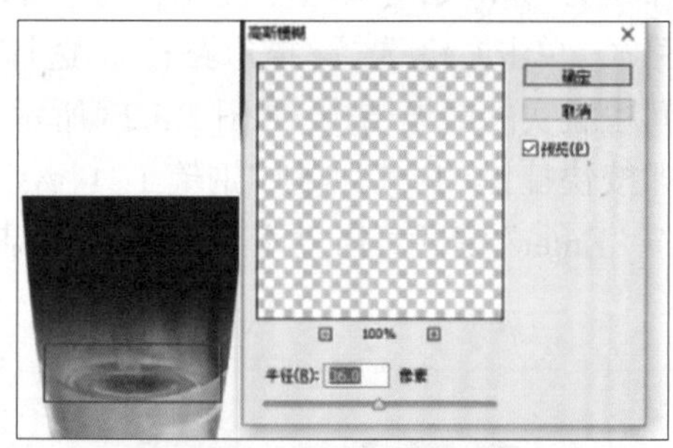

图 3.3.29　交叉选区　图 3.3.30　填充颜色　图 3.3.31　模糊处理

②瓶身高光绘制。使用“钢笔工具”绘制高光路径，按快捷键“Ctrl+Enter”将路径转化为选区，选择较亮的浅蓝色进行填充，将图层命名为“左侧高光”，如图 3.3.32 所示。将该图层的图层混合模式改为“叠加”，并将图层不透明度改为 50%，效果如图 3.3.33 所示。按快捷键“Ctrl+J”复制该图层，将图层混合模式改为“正常”，图层不透明度改为 75%，执行“滤镜”→“模糊”→“高斯模糊”，半径值设置为 30 左右，效果如图 3.3.34 所示。复制“左侧高光”图层，将该图层的图层混合模式改为“叠加”，并将图层不透明度改为 60%，执行“滤镜”→“模糊”→“高斯模糊”命令，半径值设置为 5 左右，效果如图 3.3.35 所示。

选中 3 层高光图层，按快捷键“Ctrl+J”复制，按快捷键“Ctrl+T”单击右键选择“水平翻转”，按“Enter”键确定，移动高光到瓶身右侧，得到右侧高光，如图 3.3.36 所示。为了增加瓶身的通透感，在瓶身底部绘制白色椭圆形状，如图 3.3.37 所示，调整羽化值大小为 169 像素，效果如图 3.3.38 所示。

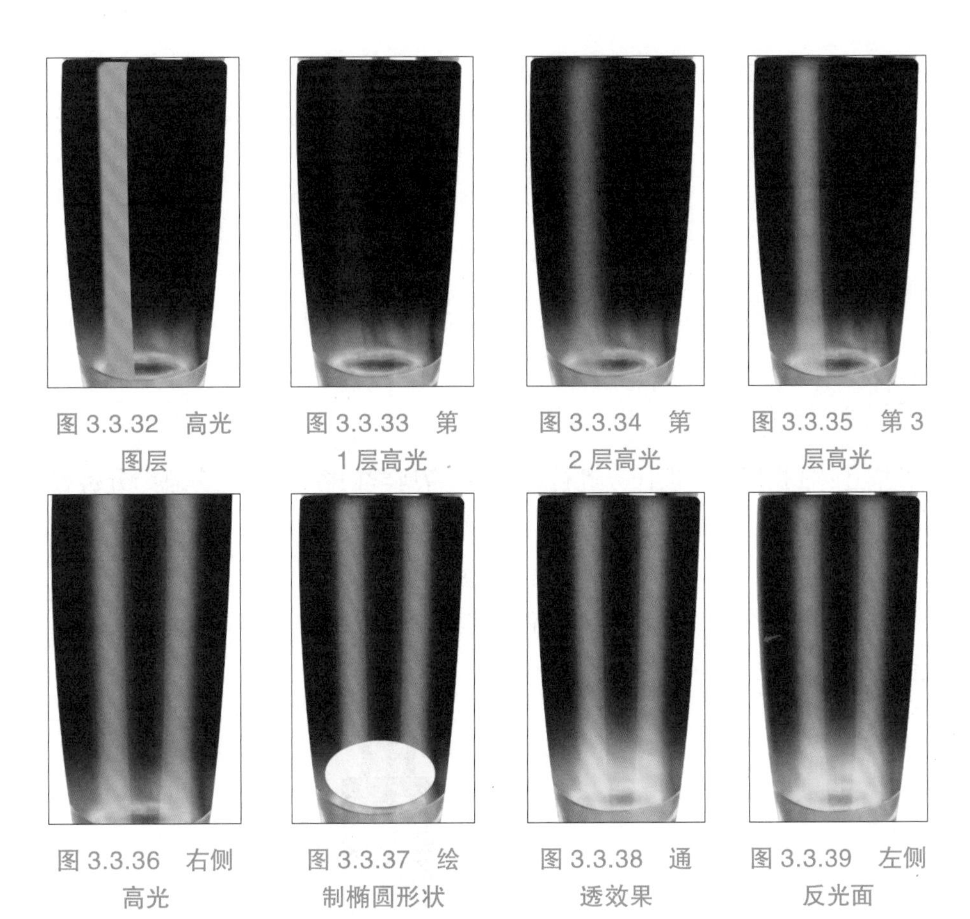

图 3.3.32　高光图层

图 3.3.33　第 1 层高光

图 3.3.34　第 2 层高光

图 3.3.35　第 3 层高光

图 3.3.36　右侧高光

图 3.3.37　绘制椭圆形状

图 3.3.38　通透效果

图 3.3.39　左侧反光面

③瓶身反光面和暗部绘制。以左侧反光面绘制为例。新建空白图层，按“Ctrl”键同时选中瓶身图层缩略图，按“M”键切换到选区状态，向右移动选区 3 个像素，按快捷键“Ctrl+Shift+I”反向，填充反光颜色，执行“滤镜”→“模糊”→“高斯模糊”命令，调整半径值大小为 15 左右，效果如图 3.3.39 所示。按相似的方法绘制右边的反方面，左侧的暗部及右侧的暗部，顶部的暗部投影如图 3.3.40—图 3.3.42 所示。参考金属瓶盖结构高光的绘制方法，绘制瓶身的结构高光，如图 3.3.43 所示。

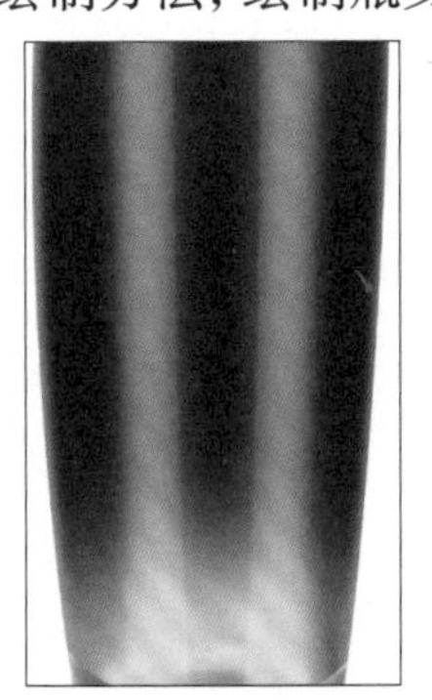

图 3.3.40　右侧反光面

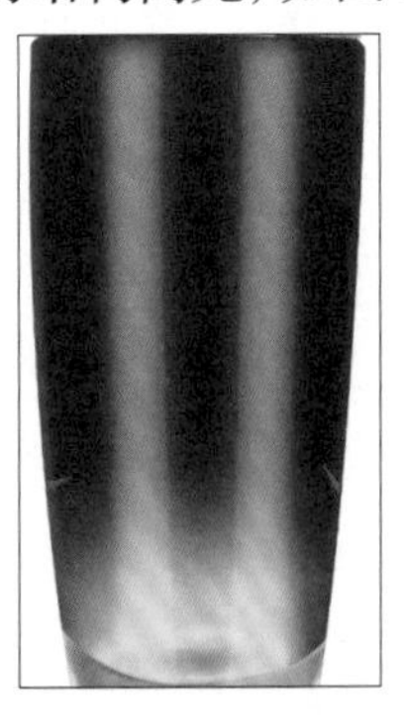

图 3.3.41　两侧暗部

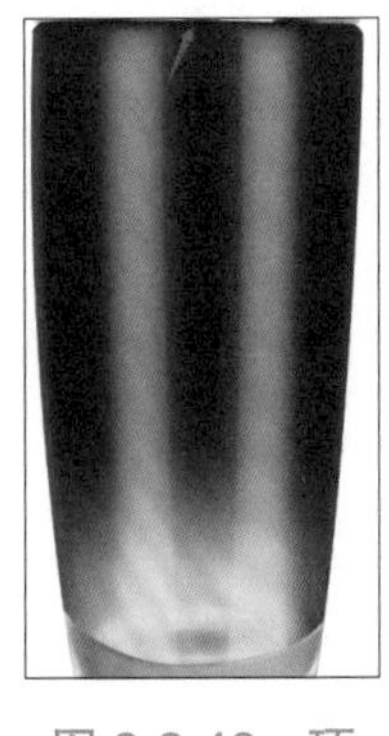

图 3.3.42　顶部投影

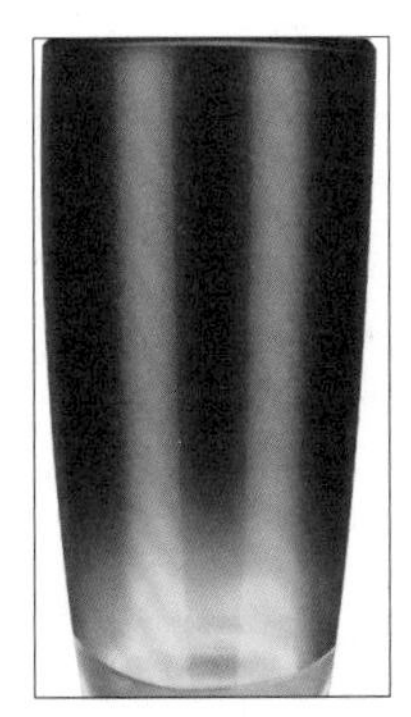

图 3.3.43　结构高光线

■ 更多步骤与完整操作视频请扫码查看。

精华液精修
更多步骤

精华液精修
操作视频

能力迁移

任务描述：根据以上实训任务进行总结，结合所学内容，填写任务总结分析表，完成香水商品图的精修。

任务清单 3　任务总结分析表

<table>
<tr><th colspan="3">任务清单</th></tr>
<tr><td>任务内容</td><td colspan="2">完成香水商品实拍图的精修。</td></tr>
<tr><td>商品实拍图</td><td colspan="2">SAUVAGE</td></tr>
<tr><td>要求</td><td colspan="2">请根据所学，分析该产品实拍图中的玻璃瓶身、金属瓶盖部分存在的问题，并撰写拟使用的解决方法。</td></tr>
<tr><td rowspan="6">任务分析</td><td>精修内容</td><td>解决方法</td></tr>
<tr><td>例如：实操案例中产品主要从产品形体规整及结构组成、金属结构光影绘制、玻璃结构的光影处理等方面进行精修。</td><td>例如：半透明玻璃材质瓶身的表现是通过渐变工具绘制来解决问题。</td></tr>
<tr><td></td><td></td></tr>
<tr><td></td><td></td></tr>
<tr><td></td><td></td></tr>
<tr><td></td><td></td></tr>
</table>

课后练习

1. 单选题

(1) 以下说法正确的是（　　）。

A. 透明材质商品处理技巧是中间放空，强调边缘结构线，因此中间填充为白色即可

B. 透明材质商品处理首先要考虑好背景，避免出现背景不融合、不匹配、不透明的情况

C. 透明瓶体在蓝色水波纹背景下，瓶内颜色选择白色

D. 装满蓝色液体的透明瓶体，放在白色水波纹背景下，瓶内颜色选择白色

(2) 关于明暗交界线对透明材质商品的影响，以下描述不正确的是（　　）。

A. 明暗交界线的宽度会影响玻璃材质的厚度

B. 明暗交界线的散度会影响玻璃材质的通透感

C. 明暗交界线的位置会影响玻璃材质的厚度

D. 明暗交界线的强度会影响玻璃材质的厚度

(3) 以下关于玻璃材质通透感的处理，描述正确的是（　　）。

A. 明度越高的颜色在视觉上往往能带来更亮的视觉体验，在玻璃材质商品上会带来通透感的视觉效果

B. 明度高低与通透感没有关系

C. 玻璃材质商品只需要处理好明暗交界线，就能处理好商品的通透感

D. 半透明玻璃材质商品只需要处理好商品的表面光影，就能处理好商品的通透感

(4) 以下关于半透明玻璃材质商品瓶身的处理描述，不正确的是（　　）。

A. 瓶身的半透明效果可以用渐变工具绘制从透明到瓶身颜色的渐变

B. 瓶身的半透明效果可以直接绘制瓶身颜色，再结合蒙版工具，涂抹多余的瓶身颜色

C. 瓶身的半透明效果可以直接用抠图方式去除瓶身内部结构，只留下边缘结构，就可以放在任一背景下

D. 瓶身的半透明效果需要结合背景颜色，进行绘制

(5) 以下哪种工具常用于绘制光源？（　　）

A. 画笔　　B. 钢笔工具　　C. 形状工具　　D. 以上都是

2. 判断题

(1) 商品的各个结构在材质和形状上虽然有差别，但是因为受到的光一样，所以具

体表现出来的效果也是一样的。 ( )

(2) 当半透明玻璃材质修图处理时，要注意光影层次和光影细节的表现。

( )

(3) 当光线投射在玻璃材质上时，光线穿透力强，明暗过渡均匀，边缘反射强烈。

( )

(4) 结构线的宽度会影响玻璃的厚度感，位置不会影响玻璃的厚度感。 ( )

(5) 同时选中两个选区时，按“Shift+Alt”快捷键可以获得交叉选区。 ( )

3. 填空题

(1) 明暗交界线的________、________、________、________都会影响玻璃材质的厚度感形成。

(2) 透明材质商品在任何环境下都可以透出背景，但是在 Photoshop 的处理过程中，只是通过______________________________，打造通透感。

(3) 在本任务中细碎光影的处理可以选择______________把靠近底部的光影进行______________，使其光影尽可能干净。

(4) 在本任务中吸管的绘制处理中，新建空白图层，选中吸管选区，按快捷键______________对吸管进行描边。

(5) 通常可以采用绘制白色点状光或用__________绘制白色形状光源，结合__________的处理，使得光源与背景渐变融合而实现玻璃材质商品通透感视觉效果。

任务 4 内置吸管类玻璃商品图片精修

学习目标

知识目标

- 了解玻璃瓶内部物品光影特点。

能力目标

- 掌握绘制玻璃瓶体内部物体光影的方法。

素养目标

- 培养学生的发散思维；
- 培养具备美工人员的想象力。

任务清单 1　任务分析表

项目名称	任务清单内容	
任务情景	本期客户提供了一张香水瓶体实拍图，针对拍摄图提出了以下修图要求： ①体现金属的光泽感； ②体现玻璃的通透感； ③调整香水瓶内结构的轮廓。	香水瓶实拍图
任务目标	完成香水瓶体图的精修。	
任务分析	问题	分析
	商品拍摄图表面是否有污渍？	
	能否体现玻璃瓶身的通透？	
	商品结构成像是否美观？	
	通过网络搜索相关材质商品图，对比分析该商品图有哪些不足？	

学习活动　玻璃瓶身中吸管的处理

1. 玻璃瓶内部物品的光影特点

透明类玻璃瓶因其透光性强的特点，在成像的时候能够透过瓶身而呈现玻璃瓶中物体的结构。如一般的香水瓶等都有吸管，但是在拍摄后吸管在照片中的形态不够饱满、不够立体，如图 3.4.1 所示。这个时候需要对吸管的形态、呈现的亮度等进行重绘。

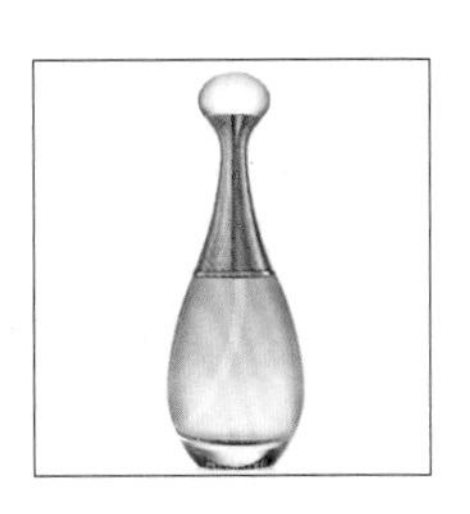

图 3.4.1　玻璃材质商品实拍图

2. 玻璃瓶内部吸管的绘制方法

（1）使用“钢笔工具”中的路径模式对该商品内部吸管进行

抠图，效果如图 3.4.2 所示。

（2）选择“画笔工具”，设置为 2 像素，硬度为“0%”。将“前景色”设置为与瓶中液体相近颜色，新建图层，对该路径进行描边，效果如图 3.4.3 所示。

（3）对该描边进行“高斯模糊”处理，体现吸管在瓶内液体中的轮廓。在菜单栏中选择“滤镜”→“模糊”→“高斯模糊”命令，如图 3.4.4 所示。

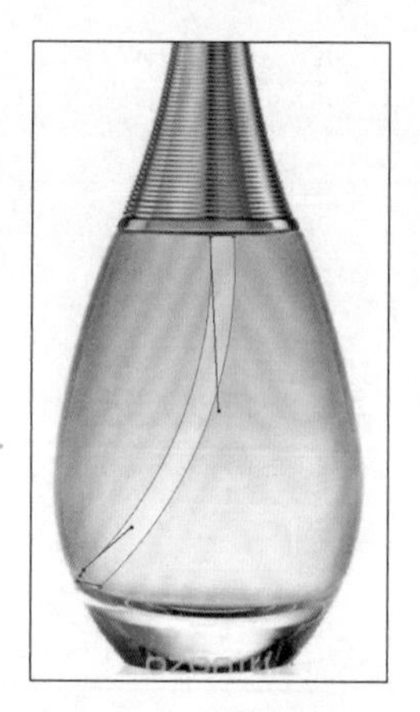

图 3.4.2 吸管抠图

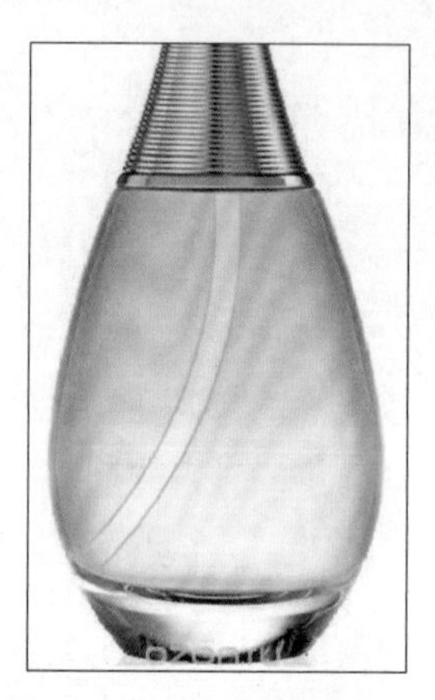

图 3.4.3 钢笔描边效果

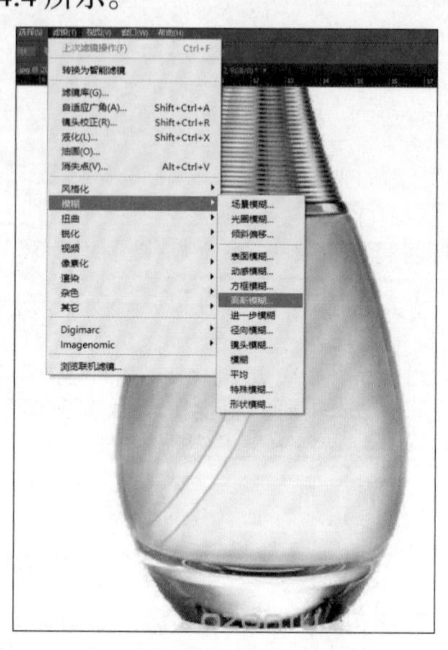

图 3.4.4 高斯模糊

（4）模糊半径及效果如图 3.4.5 所示。

（5）为营造吸管的圆形效果，在中空处用“钢笔工具”绘出路径，选择适当的像素，使用“画笔工具”描边后做“高斯模糊”，制作圆形效果，体现吸管立体感，效果如图 3.4.6 所示。

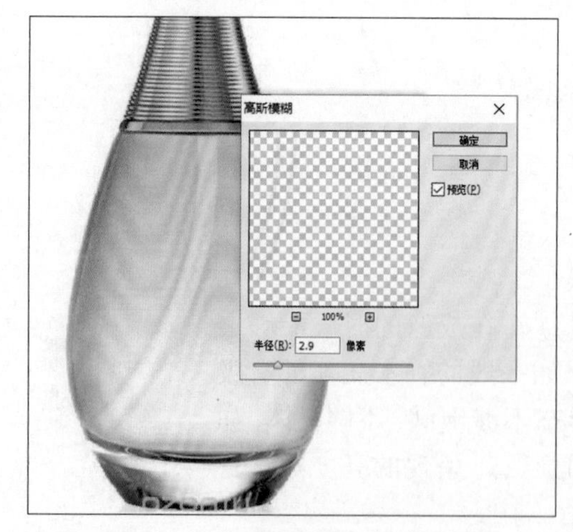

图 3.4.5 “高斯模糊”对话框

图 3.4.6 吸管立体感制作效果

行业观察

《中华人民共和国广告法》自2018年修改实行以来，对电子商务的网络广告也产生了影响，商家在精修商品修图及文案撰写的时候要严格遵守《中华人民共和国广告法》的相关内容，不能够夸大商品的功能，应当真实、合法。

某贸易有限公司在其运营的公司官网上销售名为“×× 奢华精粹乳霜（轻盈）”和“×× 光彩晚安修护面膜”的化妆品，并在商品网页发布的广告中使用了“抑制黑色素”“色斑淡化”等美白功效的广告宣传用语。经查这两款商品均为非特殊用途化妆品，该公司发布虚假广告的违法行为遭到某市市场监督管理局的处罚。

任务清单2　任务实施表

<table>
<tr><td rowspan="4">任务实施</td><td colspan="2">任务内容</td><td>操作目标</td><td>方法</td><td>操作效果</td></tr>
<tr><td colspan="2" rowspan="3">完成以下商品实拍图的精修。</td><td>例：商品实拍图褪底。</td><td>使用“钢笔工具”抠图。</td><td></td></tr>
<tr><td></td><td></td><td></td></tr>
<tr><td></td><td></td><td></td></tr>
<tr><td>任务总结</td><td colspan="5">通过任务的实施，请勾选你认为已经掌握的知识或技能目标。
（　　）已理解透明玻璃瓶玻璃部分的光影特点；
（　　）掌握了拓展选区的方法；
（　　）能够重绘玻璃内液体部分；
（　　）掌握制作吸管的方法；
（　　）能够使用相关工具强化吸管的立体感。</td></tr>
<tr><td rowspan="10">任务点评</td><td>序号</td><td>处理操作</td><td>完成情况</td><td>标准分</td><td>评分</td></tr>
<tr><td>1</td><td>商品图褪底，白底图。</td><td></td><td>10</td><td></td></tr>
<tr><td>2</td><td>能够凸显透明玻璃的通透。</td><td></td><td>25</td><td></td></tr>
<tr><td>3</td><td>能够完成液体部分的重构。</td><td></td><td>25</td><td></td></tr>
<tr><td>4</td><td>能够完成吸管部分的重构。</td><td></td><td>20</td><td></td></tr>
<tr><td>5</td><td>工单填写。</td><td></td><td>5</td><td></td></tr>
<tr><td>6</td><td>团队合作、沟通表达。</td><td></td><td>5</td><td></td></tr>
<tr><td>7</td><td>美工素养（严谨、诚信、耐心、精益求精）。</td><td></td><td>10</td><td></td></tr>
<tr><td>8</td><td colspan="3">合计</td><td></td></tr>
<tr><td>9</td><td>教师评语</td><td colspan="3"></td></tr>
</table>

实操锦囊

1. 分析图片

通过分析原图（见图 3.4.7），结合商品精修五大核心要素，明显发现，商品图片有以下几个问题：

（1）商品瓶盖部分由金属和玻璃材质构成，玻璃显得不够通透，金属部分的质感可再加强；

（2）玻璃瓶身不够通透，结构线清晰度不强；

（3）玻璃瓶内结构不规则，不够美观；

（4）瓶体内有塑料透明吸管，材质体现不够明显。

图 3.4.7　香水瓶实拍图

2. 瓶身玻璃重构

（1）使用“钢笔工具”将香水瓶身部分抠出，如图 3.4.8 所示。

（2）按快捷键“Ctrl+Enter”将路径转化为选区，新建图层并填充为浅灰色，如图 3.4.9 所示。

（3）添加该填充图层“图层蒙版”，使用“渐变工具”中黑色到透明的渐变效果，由上至下拉出如图 3.4.10 所示的渐变效果。

（4）复制该图层，并填充为深灰色，如图 3.4.11 所示。

图 3.4.8　瓶身抠图

图 3.4.9　填充浅灰色

图 3.4.10　渐变效果

图 3.4.11　填充深灰色

（5）按住“Ctrl”键，在图层面板中单击该图层载入选区，向内收缩 5 个像素，如图 3.4.12、图 3.4.13 所示。

（6）按“Del”键删除收缩后的选区部分，为瓶身部分进行结构线绘制，如图 3.4.14 所示。

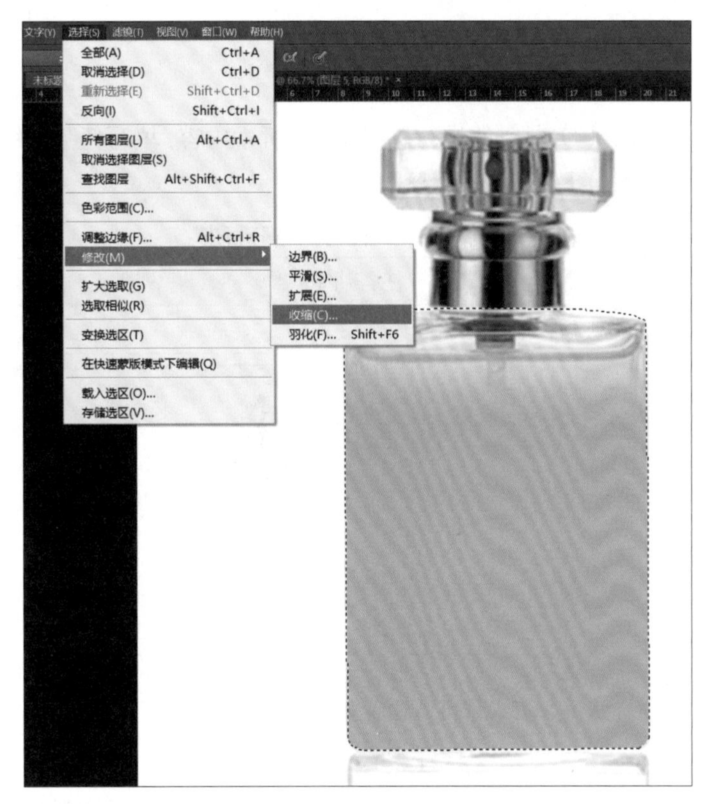

图 3.4.12　收缩选区

图 3.4.13　确定收缩像素

图 3.4.14　删除选区内部分

■ 更多步骤与完整操作视频请扫码查看。

玻璃商品精修更多步骤

玻璃商品精修操作视频

能力迁移

任务描述：根据以上实训任务进行总结，结合所学内容，填写任务总结分析表，完成玻璃瓶香水瓶身部分修图。

任务清单3　任务总结分析表

<table>
<tr><th colspan="3">任务清单</th></tr>
<tr><td>任务内容</td><td colspan="2">完成玻璃瓶香水瓶身部分的修图。</td></tr>
<tr><td>商品实拍图</td><td colspan="2"></td></tr>
<tr><td>要求</td><td colspan="2">请根据所学内容，分析该商品图片中玻璃瓶身存在的问题，并撰写拟使用的解决方法后，完成该商品玻璃瓶身的精修。</td></tr>
<tr><td rowspan="7">任务分析</td><td>精修内容</td><td>解决方法</td></tr>
<tr><td>例：增强高光</td><td>填充白色→高斯模糊</td></tr>
<tr><td></td><td></td></tr>
<tr><td></td><td></td></tr>
<tr><td></td><td></td></tr>
<tr><td></td><td></td></tr>
<tr><td></td><td></td></tr>
</table>

课后练习

1. 单选题

(1) 在 Photoshop 中不可以用来给钢笔路径描边的工具有(　　)。

A. 画笔　　B. 铅笔　　C. 仿制图章　　D. 选区

（2）载入图层选区的方式是（　　）。

A. 单击该图层　　B.Ctrl+ 在图层面板单击该图层

C.Alt+ 在图层面板单击该图层　　D. 双击该图层

（3）一般在修玻璃瓶商品图片时候，因表面瑕疵多，光线复杂，会先将相关区域抠图后进行（　　）填充。

A. 固有色　　B. 任意颜色　　C. 黑色　　D. 白色

（4）修图之前需要先分析原商品图，包括（　　）、颜色、透视等。

A. 光影　　B. 倒影　　C. 种类　　D. 透明度

（5）一般修图的时候需要分层画出结构体，再按合理的光影去渲染（　　）和暗部，局部复杂的区域需要手绘出来。

A. 光影　　B. 高光　　C. 阴影　　D. 倒影

2. 填空题

（1）透明类玻璃瓶因其__________的特点，在成像的时候能够透过瓶身而呈现玻璃瓶中物体的结构。

（2）商家在精修商品修图及文案撰写的时候要严格遵守《中华人民共和国广告法》的相关内容，不能够夸大商品的功能，应当__________。

（3）玻璃瓶子边缘高光可以用__________→填充白色→高斯模糊实现。

（4）为显示玻璃瓶中吸管的结构感，可以将吸管边缘做__________处理。

（5）为展现玻璃瓶边缘的厚实感，在操作的时候可以使用选区填充后进行__________收缩后删除。

3. 判断题

（1）玻璃商品成像时的轮廓线不存在渐变效果，是一条实线。（　　）

（2）玻璃商品内吸管表面光影效果不存在明—灰—暗面。（　　）

（3）在高斯模糊中半径的选择越大越好。（　　）

（4）玻璃类商品的成像结构线的体现较为重要。（　　）

（5）在商品精修中对商品图片的处理不能够过度美化，应当真实。（　　）